全国电力高职高专"十三五"系列教材

电力技术类（电力工程）专业系列教材

特高压输变电技术
（第二版）

全国电力职业教育教材编审委员会　组　编

田建华　李　鹏　主　编

李勇翔　秦江伟　副主编

李　嫚　董雪峰　编　写

孙　麟　主　审

中国电力出版社
CHINA ELECTRIC POWER PRESS

内 容 提 要

本书共分为 6 个单元，包括特高压输变电技术概述、特高压交流输电系统特性、特高压直流输电特性、特高压输变电系统过电压及绝缘配合、特高压变电站/换流站及其电气设备、特高压架空输电线路六部分内容。每单元后附有思考与讨论的题目，供课堂教学及课后自学使用。

本书可作为高职高专电力技术类、能源动力类等专业的相关专业课程教材，也可供函授或中等职业院校参考使用，同时可作为工程技术人员或对电力知识感兴趣人士的参考读物。

图书在版编目（CIP）数据

特高压输变电技术/田建华，李鹏主编；全国电力职业教育教材编审委员会组编 . —2 版 . —北京：中国电力出版社，2019.10（2023.12 重印）

全国电力高职高专"十三五"规划教材

ISBN 978 - 7 - 5198 - 3954 - 3

Ⅰ.①特… Ⅱ.①田… ②李… ③全… Ⅲ.①特高压输电—输电技术—高等职业教育—教材 ②特高压输电—变电所—高等职业教育—教材 Ⅳ.①TM723 ②TM63

中国版本图书馆 CIP 数据核字（2019）第 250948 号

出版发行：中国电力出版社
地　　址：北京市东城区北京站西街 19 号（邮政编码 100005）
网　　址：http://www.cepp.sgcc.com.cn
责任编辑：雷　锦（010—63412530）
责任校对：黄　蓓
装帧设计：郝晓燕
责任印制：吴　迪

印　　刷：北京天泽润科贸有限公司
版　　次：2016 年 2 月第一版　2019 年 10 月第二版
印　　次：2023 年 12 月北京第七次印刷
开　　本：787 毫米×1092 毫米　16 开本
印　　张：10.5
字　　数：249 千字
定　　价：29.00 元

前　言

　　为应对全球化能源危机，从根本上解决化石能源污染和温室气体排放问题，我国将特高压电网建设纳入了国家"十二五"规划纲要、大气污染防治行动计划等多项国家规划和计划中。近年来特高压输电技术在我国取得了较快发展。我国第一条 1000kV 特高压交流线路和第一条 ±800kV 特高压直流线路分别于 2009 年和 2010 年建成投运，截至 2014 年已建成并运行"三交六直"的特高压交、直流输电系统。迅猛发展的特高压输电工程建设和运行急需大批了解和掌握特高压输变电技术的应用技能型人才，为满足学校和现场需求，我们编写了本教材。

　　本书可作为电力类专业的专业用书、非电力类专业选修课用书，也可以作为从事电力生产的工程技术人员的参考用书。书中收录了大量现场运行、试验数据和实物图片，参考了国内外相关专业权威研究机构、专家发表的专业论文及相关科技专著，并根据高职高专以培养应用技能型人才为主旨的原则，重点突出特高压输变电应用技术和相关特高压设备特性的编写，同时注意语言上的通俗易懂，力求准确、明晰、简单实用。本书还配套了相关的工程小微课，可帮助读者理解相关知识。

　　本书共分 6 个单元 24 个课题，每个单元附有思考、讨论题供教学参考。

　　本书由郑州电力高等专科学校田建华编写第一单元，董雪峰编写第二单元，重庆电力高等专科学校李勇翔编写第三单元，郑州电力高等专科学校李嫚编写第四单元，李鹏编写第五单元，重庆电力高等专科学校秦江伟编写第六单元。全书由田建华、李鹏统稿并担任主编。

　　中国电力科学院高压研究所孙麟对全书进行了审核，提出了宝贵意见。同时，本书在编写过程中得到了电力系统各兄弟单位的大力支持，在此表示衷心感谢！

　　限于编者水平，书中不当之处敬请广大读者批评指正。

编　者
2015 年 12 月

目 录

第一单元

特高压输变电技术概述

课题一　电 网 及 其 发 展

电能从生产到消费一般要经过发电、输电、配电和用电 4 个环节。电网就是将各类发电厂（站）发出的电能输送到用户的电力传输网络，它主要由升压变电站（整流站）、降压变电站（逆变站）及相连的输电线路及相关保护控制系统及通信系统组成。由发电、输电、配电、用电等环节组成的电能生产、传输、分配和消费的系统称为电力系统（如图 1-1 所示）。

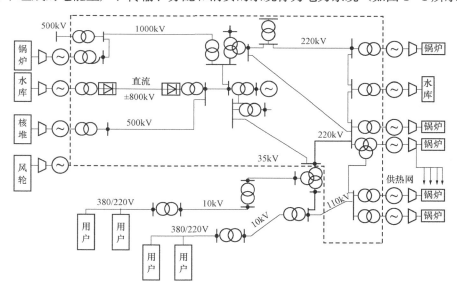

图 1-1　电力系统示意图

一、电网的基本功能及其要求

电网一般分为输电网和配电网。

所有输电设备连接起来构成输电网。其功能是将发电厂发出的电能输送到负荷中心（消费电能的地区），或者将一个电网的电能输送到另一个电网，实现电网互联，形成互联电网。

所有配电设备连接起来构成配电网。其功能是接受输电网输送的电能，然后分配、输送到城市和农村，进一步分配和供给工业、农业、商业、居民及有特殊需要的用电部门。

电能输送和供给方式有交流输配电和直流输电两类方式。交流输配电方式由升压变电站、降压变电站（包括一次设备和二次设备）及输配电线路实现。直流输电方式由整流站、直流输电线路和换流站及各种交直流设备（包括一次设备和二次设备）实现。

输电网电压等级一般分为高压、超高压和特高压。国际上对于交直流输电网的电压等级分类界定如下。

（1）交流输电网的电压等级分类，即高压（HV）通常指 35～220kV 的电压等级；超高压（EHV）通常指 330～1000kV 的电压等级；特高压（UHV）指 1000kV 及以上的电压等级。

（2）直流输电网的电压等级分类，即超高压通常指 ±500kV（±400kV）、±660kV 等电压等级；特高压通常指 ±800kV 及以上电压等级。

电网的基本功能是传输电能。电能与其他能源不同，其主要特点是不能大规模储存，发电、输电、配电和用电在同一时间完成；发电和用电之间必须实时保持供需平衡。如果不能保持实时平衡，将危及用电的安全性、连续性。电能这种高度同步性的特点，必须通过电源、电网和用户的协调运作来保障电力安全和电能质量。作为传输、配送电能的电网，处于电力系统枢纽地位。

对于电力系统来说，电网的安全和稳定是电力系统正常运行不可缺少的。电网安全是指运行中的电力设备必须在它们允许的电流、电压和频率的范围内运行。电网稳定是指电力系统可以连续向电力用户正常供电的状态。电网稳定必须同时满足 3 项稳定性要求，即同步运行稳定性、频率稳定性和电压稳定性。

（1）同步运行稳定性即功角稳定性。失去同步运行稳定性的后果是电力系统发生振荡，引起电力系统中枢点电压、输电设备中的电流和电压大幅度地周期性波动，电力系统不能继续向负荷正常供电，如果这些后果处理得不好，将导致电力系统大面积停电。

（2）失去频率稳定性的后果是发生电力系统频率崩溃，引起电力系统全部停电。

（3）失去电压稳定性的后果是发生电力系统电压崩溃，使受影响的地区停电。

因此，电力系统的规划设计、建设实施、调度运行等各环节都应首先要求电网的安全稳定。

区域电网互联可实现大容量、特大容量发电厂与远距离和大用户的连接，或区域电网与其他电网实现更充裕的能量交换及互联，在更大范围内进行电力系统的经济调度，产生更高的经济效益。区域电网互联的主要优势如下。

（1）更经济合理开发一次能源，实现水、火电资源优势互补，在更大区域内合理利用资源。

（2）降低互联的电网总峰电负荷，减少总装机容量。

（3）检修和紧急事故备用互助支援，减少备用发电容量。

（4）提高电网运行可靠性，提高供电质量。

（5）区域电网规模扩大后使安装高效率、低成本、大容量发机组和建设更大容量发电厂的条件得以实现，这将产生更大规模经济效益。

二、电网发展历程

电网的发展按电压等级、电网规模、发电机组单机容量和运行技术 4 个主要特征可分为以下 3 个阶段。

（1）电网发展初级阶段。19 世纪末至 20 世纪中叶第二次世界大战结束，可视为电网发展的初级阶段。该阶段电网电压从最初的 13.8kV，逐步发展到高压 35、66、110、134kV 和 220kV。该阶段电网特征是电网单机容量不超过 200MW；交流输电占主导，输电电压较低，即最高为 220kV；电网规模以城市电网、孤立电网和小型电网为主，规模不大；运行技术还处于起步阶段，电网故障并导致停电属常规性事件。

（2）电网发展中期。第二次世界大战结束至 20 世纪末，规模化工业生产对能源电力的巨大需求和廉价的化石能源，推动了电力工业的大发展和电网技术的空前进步与创新。电力技术日益向高电压、大机组、大电网方向发展。在此期间，输电线路电压等级迅速向超高压 330、345、400、500、735、750、765kV 发展；发电机组单机容量达到 300～1000MW；跨国、跨地区大型互联电网基本形成，主要有以下 3 类电网：①北美互联电网，由美国电网、加拿大和墨西哥的部分电网组成；②欧洲电网，由欧洲大陆电网、北欧电网、波罗的海电网、英国电网、爱尔兰电网 5 个跨国互联同步电网，以及冰岛、塞浦路斯 2 个独立电网构成；③俄罗斯统一电网以及巴西、印度等国家互联电网。

（3）特高压发展阶段。20 世纪 80 年代以后，电源建设投资风险增大，使电源投运与负荷水平不匹配。为此，各国一方面发展电网互联以取得更高的经济效益，另一方面进行远方大能源基地的开发，由此促成了远距离、大容量、特高压输电干线和互联线的建设。20 世纪 60 年代，美国、日本、苏联、意大利、巴西等国开始进行特高压技术研究和试验，但最终只有苏联和日本建设了交流特高压线路。1985 年苏联建成世界上第一条 1150kV 线路，全长 494km，在额定工作电压下带负荷运行 2 万多小时，后因线路雷击跳闸率过高而分段降压运行。从 1981 年到 1989 年，苏联共建成特高压线路 2400km，但全部降压至 500kV 运行。

20 世纪 90 年代，日本建成东西和南北两条特高压输电主干线，将位于东部太平洋沿岸的福岛核电站群、柏崎核电站的电能输送到东京湾负荷中心。两条线路全长 487.2km，但均以 500kV 电压降压运行。

我国电力发展的历史几乎与国际同步。1879 年，上海公共租界点亮了第一盏电灯；1882 年上海创办了我国第一家公用电业公司，翻开了电力工业的第一页；1954 年至 1983 年，我国逐步形成了东北电网 220kV 骨干网架，西北电网 330kV 骨干网架以及华中、华北、华东、东北、南方电网 5 个 500kV 骨干网架。到 20 世纪末，我国电力工业开始了特高压输电工程的研究与建设。

目前，我国电网形成了两个交流电压等级序列和一个直流电压等级序列。

交流电压等级序列：1000/500/220/110(66)/35/10/0.4kV；

　　　　　　　　　750/330(220)/110/35/10/0.4kV。

直流电压等级序列：±800/±660/±500(±400)kV。

我国对于交直流输电网的分类界定：①高压（HV）电网是指 110kV 和 220kV 电网；②超高压（EHV）电网是指 330、500kV 和 750kV 电网；③特高压（UHV）电网是指交流 1000kV 以上、直流 ±800kV 及以上电网。

截止到 2014 年，我国已建成并运行"三交六直"特高压输电工程，即"晋东南—南阳—荆门""淮南—皖南—浙北—上海""浙北—福州"3 条 1000kV 特高压交流工程；"向家坝—上海""云南—广东""锦屏—苏南""哈密—郑州""糯扎渡—广东"及"溪洛渡—浙江"6 条 ±800kV 特高压直流输电工程。

三、影响特高压电网发展的主要因素

特高压电网引入时间及其发展形式、发展规模受多种因素影响。

1. 负荷增长因素

随着用电负荷的增长，原有电网承受能力不足，短路电流超限问题将逐步显现，最终成为限制电网发展的重要因素。通过发展更高一级电压等级的电网，可为解决原电网短路电流超限问题创造条件，提高电网运行的灵活性和可靠性。

负荷增长速度直接影响特高压输电引入时间。特高压输电引入时间由输电需求和技术可行性决定。在输电需求方面，它主要通过电网每年尖峰负荷功率增长率进行估算。在电力系统规划时，通过电网负荷电量进行预测。尖峰负荷增长率与年电量增长率是不一致的，通常要比年电量增长率高。因此，在估算特高电压引入时间时，需将负荷电量转换为尖峰负荷功率。如特高压电压值选 1000kV，它的长距离稳定输电能力与 500kV 输电能力相比可提高 4 倍以上。特高压输电的引入时间点就是尖峰负荷功率相对于增长前电网尖峰负荷功率增长到 4 倍及以上的时间。考虑到特高压输电技术需经过实际线路的试运行完善，因此时间上要略微提前，当尖峰负荷增长接近 4 倍时，可考虑引入特高压。

2. 发电机和发电厂规模经济性因素

不断增长的用电需求促进发电技术，该发电技术包括火力、水力和核电发电技术向低单位千瓦造价、高效率的大型、特大型发电机组发展。一方面，大型和特大型汽轮发电机组已从超高压机组发展到了亚临界、超临界和超超临界机组，大大降低了发电煤耗。另一方面，随着大型和特大型机组的应用，发电厂总机组容量规模也迅速增加，从而进一步降低发电厂建设和运行成本，发电厂规模经济效益不断提高。表 1-1 为 800MW 机组的发电厂规模经济性比较。

表 1-1　　　　　　　　　　　**800MW 机组的燃煤发电厂规模经济性比较**

发电厂容量（MW）	3×800	4×800	6×800	8×800
每千瓦投资成本（万元）	1.0	0.95	0.88	0.85
每千瓦时运行成本（万元）	1.0	0.99	0.98	0.98

然而，大型和特大型发电机组不断增加的燃料需求和环保要求，决定了发电厂厂址将会远离负荷中心，在煤矿坑门、港口、道口建厂，组成发电基地或电源中心。按照环保要求，发电基地各厂应相距 50~100km，同时形成总容量 6000~10000MW 的发电中心。除火电基地外，核电站按规模经济建设 2000~6000MW 的核电中心、远离负荷中心的大型水电站及梯级电站形成的水电中心等。从超高压—特高压各电压等级的输电能力可看出，大型和特大型机组及相应的大容量规模发电厂的建设更增加了对特高压输电的需求。

3. 网损和短路电流水平因素

在电压等级不变的情况下，远距离输电意味着线路电能损耗的增加。当输送的功率给定时，提高输电电压等级，将降低输电线通过的电流，从而减少线路的有功功率和无功功率损耗以及电能损耗。特高压输电的主要优势正是既可以提高远距离输电能力，又可降低输电线路的电能损耗。

按电力流向，不同容量的发电厂应分层、分区接入不同电压等级的电网，以降低电网的短路电流水平。由于电网建设成本的制约和断路器制造技术的限制，电力系统短路电流应控制在一定的水平。由于特高压的引入，特大容量发电厂可直接接入特高压电网，超高压电网可分区运行，这样可避免因发电厂直接接入超高压电网而造成的较高的短路电流水平，这是发展特高压电网的一个重要因素。

4．燃料、运输成本和发电能源的可用性因素

燃料和运输成本以及各种燃料的可用性对电源的总体结构和各种发电电源在地域上的布局有重要影响。对于同一种燃料来说，运送燃料到负荷中心地区发电和在燃料产地发电，以远距离输电向负荷中心供电的经济比较是决定发电厂厂址的重要因素。只有燃料运输成本上升，运送电能的能力受制约而使燃料的保证率变差，运送燃料不如输电的情况下，才能促进在燃料产地建设大容量规模发电厂，采用特高压向负荷中心地区供电。否则就可在负荷中心地区建设发电厂，因输电距离较短，不用特高压而以较低的电压输送电能即可。

发电能源地理分布的不均衡性，使得各地电源和用电负荷不平衡。用电负荷中心地区，经济发展快，用电需求增长快，往往比较缺乏发电能源；而具有丰富发电能源，如矿物燃料、水电资源的地区用电增长相对慢或人均用电水平较低。这种电源和用电负荷的不平衡既由资源地理分布决定，又是由社会经济发展的历史形成的。我国与加拿大、美国、俄罗斯、巴西等国都存在这种不平衡情况。这种不平衡情况增加了远距离大容量输电和电网互联的需求。

远距离输电意味线路电能损耗的增加。当输送的功率确定时，提高输电电压将减少输电线通过的电流，从而降低电能损耗。远距离输送大功率、降低输电电能损耗是推动特高压输电技术发展的重要动力。

5．生态环境因素

输电线路和变电站的生态环境影响主要表现在土地的利用、通信干扰、可能出现的可听噪声、电磁场对生态的相互作用等方面。在地区电力负荷密度小、输电线路和变电站数量少的年代，生态环境没有成为人们关注的问题。当输电线和变电站随用电增加而增多时，若不充分重视和减少输电线及变电站对生态环境的影响，那么环境问题就可能成为输电电网发展的突出问题。特高压输电由于其输送功率大，可大大减少土地占用。但特高压输电的电磁场对生态环境的影响以及电晕产生的干扰问题已受到社会关注。这是发展特高压输电要深入研究和解决的问题。解决问题的目标是既满足未来预期的电力增长需求，又使其对生态环境影响最小。

6．政府的政策和管理因素

用电负荷的增长受到政府的经济政策和管理行为的影响。政府的产业政策、产业结构调整、资金借贷成本等将影响投资决策和轻重工业的比例和布局以及第一、二、三产业的发展等。这些产业的发展明显地影响总的用电负荷的增加和各地区用电负荷增长率。根据各产业的发展趋势，研究正确的预测负荷方法预测未来用电负荷需要，减少预测的不确定性，对电源建设和输电电网要求是极其重要的。能源政策直接激励各种不同发电资源的开发力度，它将影响区域电网互联是强联网还是弱联网。弱联网以区域电网的最高电压等级互联；强联网需要以此区域电网电压等级更高一级电压实现互联，才能在区域之间实现大的功率交换。

电力管理体制对特高压输电规划的影响也是不言而喻的。几乎在同时起步开始特高压输电可行性和技术研究的国家中，苏联是第一个建成、运行1150kV输电线路的国家，这也得着于其实行统一电力系统管理，可在更大地域范围进行资源优化。

四、电网发展趋势

1．未来电网需解决的主要问题

未来电网需解决的主要问题有以下3方面。

（1）各国及世界范围内能源供求不均衡现象严重。各国、各区域间能源资源和能源需求

存在较大差异，随着电网联网进程的推进，各国间电量交换逐渐加大，需要在更大范围、更大电量的跨国、跨区域的能源传输和交换。

（2）各国长期以来对化石能源的高度依赖，造成全球气候恶化，急需大规模接纳新的清洁能源。

（3）当跨区电网主网架薄弱（容量不足，电压等级不够等），将导致大面积停电事故发生。同时，各区域电网间若缺乏坚强骨干电网，区域电网间的相互支援能力不足，会造成停电时间长、供电恢复缓慢的问题。

2. 未来电网特征

未来电网将传承现有电网规模化发展的部分特征，并在大型骨干电源建设，国家级主干电网建设，电网运行控制和调度的数字化、信息化、智能化等方面进一步创新发展。这些特征主要表现在大规模可再生能源电力的集中和分散接入，以及电网运行控制和用电的全面智能化两方面。现有电网规模化发展的主要特征是：

（1）在电源组成上，以非化石能源为主的清洁能源发电占较大份额，大型骨干电源与分布式电源相结合。

（2）电网结构方面，国家级（或更大范围）主干输电网与区域电网、配电网协调发展。

（3）采用大容量、低损耗、环境友好的输电方式（如特高压架空输电、超导电缆输电、气体绝缘管道输电等）。

（4）智能化的电网调度、控制和保护。

（5）双向互动的智能化配用电系统等。

3. 未来电网使命

与现有电网相比，未来电网的使命将发生重大变化，这些变化包括以下内容。

（1）灵活、高效的能源配置和供应系统，建立用户需求响应机制，分布式电源和储能将改变终端用电模式，电能将在电网和用户间双向流动，大幅度提高终端能源利用效率。

（2）大规模新能源电力的输送网络具有接纳大规模可再生能源电力的能力。

（3）安全、可靠的智能能源网络具有极高的供电可靠性，基本排除大面积停电的风险。

（4）未来电网将覆盖城乡的能源、电力、信息的物联网和综合服务体系，实现"多网合一"，成为能源、信息的双重载体。

4. 电网发展目标

基于上述基本理念和对电网新技术的发展预测，欧美等发达国家和地区的一些研究机构提出了具有战略意义的未来电网发展目标，其中美国能源部提出的"Grid 2030"计划是在现有网络之上建设国家主干网，通过国家主干网将东西海岸、加拿大及墨西哥联系起来，主干网可用于在国家层面上进行电力供应与需求平衡，扩大电力供应范围，实现资源的优化配置，并可通过利用全国范围内的季节性、区域性、气候多样性及需求侧管理等方式实现高效输电、降低网损。另外，美国还提出了统一国家智能电网设想，建设连接美国国内各区域的智能电网，实现风电、太阳能发电等电力远距离、大规模经济输送。

预计到 2020 年，我国电源装机总量和全社会用电量将分别达到 2000GW 和 $8.4 \times 10^{12} kW \cdot h$，在 2010 年的基础上增长 1 倍；建设以"三华"（华北、华东、华中）特高压同步电网为核心，以西北、东北电网为送端，交直流协调发展，网架坚强、安全高效、经济环保的现代电网，实现能源资源在全国范围内的优化配置。

未来 20 年，中国还将处于快速发展阶段，这个阶段的电网发展将是现有电网的延伸和扩张，电网的资源配置平台作用将大幅度提升。从用户角度来看，供电质量及服务水平将会进一步提高。

课题二　特高压电压等级选择

一、特高压电压等级选择基本原则

电网新的更高电压等级的选择是一个长期电力发展规划问题。输电电网新的更高电压等级系指在现有电网之上覆盖一个新的更高电压输电网的电压标称值。新的更高电压等级应满足其投入之后 20～30 年大功率输电的需求。因此，特高压电压等级的选择应从现有超高压交流电网和高压直流输电出发，面向未来的输电需求及管理体制进行综合分析，并应遵循以下基本原则。

（1）与新覆盖的地理区域范围、电力系统的规模相一致的原则；

（2）与现有超高压电压等级的技术经济合理配合的原则；

（3）与电网的平均输电容量（能力）和输电距离相适应的原则；

（4）输变电设备从开发到可以用于工程的时间相协调的原则；

（5）特高压输电技术的可用性与输电需求相统一的原则；

（6）与新的发电技术相互促进的原则。

需要确定的特高压电压等级包括特高压交流标称电压和最高运行电压、特高压直流额定电压。特高压交流标称电压指用以标志或识别系统电压的给定值；特高压交流最高运行电压指在系统正常运行条件下，任何时间和任何点上出现的电压的最高值；特高压直流额定电压指在额定电流下输送额定功率所要求的电压。

二、确定电压等级方法

1. 特高压交流电压等级确定方法

通常按输电网未来 20～30 年的平均输送容量和平均输电距离的要求，选 1～2 个电压等级进行输电能力分析，做出不同方案下的每千瓦电力输电成本曲线，以各成本曲线的经济平衡点或平衡区决定更高电压标称值。对于 345kV 和 500kV 以上的更高电压等级选择，必须经过广泛调查和分析比较，并进行大量计算才得出结论。一般认为，对于平均输送距离在 300km 及以上的 330（345）kV 电网，可选用 750（765）kV 更高电压等级；平均输送距离在 500km 及以上的 500kV 电网，可选用 1000（1100）kV。

经过大量的分析研究，普遍认为超高压电网更高一级电压标称位应高出现有电网最高电压 1 倍及以上。这样，输电容量可提高 4 倍以上，不仅可与现有电网电压配合，而且为今后新的更高电压的发展留有合理的配合空间，能做到简化网络结构，减少重复容量，容易进行潮流控制，减少线路损耗，有利于电网安全运行。

研究表明，500kV 电网按 1.5～1.6 倍选用 750kV（或 765kV）为更高电压等级是不可取的，因为对短距离输电而言，750kV 输电不如 500kV 合理，而对远距离输电，750kV 不如 1000kV 好。

根据超高压—特高压两个电压等级之比大于 2 倍的经济合理配合和新的更高电压等级的技术成熟时间，以及电力需求的发展要求，500kV 以上的特高压合理电压等级为 1000kV。

2. 特高压直流电压等级确定方法

对于特高压直流电压等级来说，一般采用经济比较法进行方案比选，即通过计算，比较不同电压等级直流输电方案的单位容量年费用（即年费用与直流输电容量的比值），选择单位容量年费用低的方案。

中国在常规±800kV直流输电的基础上，结合西南水电输电工程，对输电距离、经济输电容量、单位容量年费用、设备制造和运输、线路走廊资源等多方面进行综合论证，提出采用±800kV作为特高压直流输电的额定电压，输电容量达到6400～8000MW，电压和输电容量均可形成合理级差，技术经济综合优势明显，一方面有利于形成直流输电的规模效益，另一方面有利于满足中国大型能源基地的输电需求。

课题三　特高压输变电工程关键技术

特高压输变电技术是在超高压输变电技术基础上发展起来的，特高压输变电工程要顺利实施和安全、高效地运行，必须解决过电压与绝缘配合、外绝缘污秽、电晕特性、特高压系统环境、特高压设备等关键技术问题。

一、过电压与绝缘配合

特高压输电系统"高电压、大容量、远距离"输电的特点，必然使特高压输电系统面临更严重的工频电压升高、更高的操作冲击、故障冲击、雷电冲击等过电压。特高压的各种过电压现象虽与超高压类似，但其特性有很大的差异。特高压电网内过电压决定其绝缘水平和绝缘系统设计，直接影响系统的可靠性和工程造价。因此，必须对特高压电网过电压、设备绝缘水平及绝缘配合等技术问题进行研究，以便制定特高压过电压及绝缘配合标准，选择正确和经济的方式降低设备的过电压水平和绝缘水平，保证特高压工程的安全、经济运行。此部分内容将在第四单元详细阐述。

二、外绝缘及防污技术

特高压交、直流输电线路要经常性穿越高海拔、覆冰、重污染等环境及气候恶劣的地区（如向家坝—苏南±800kV特高压直流输电线路中，线段的最高海拔达到了3680m），必须进行各种环境条件下线路及设备的外绝缘特性和防污问题的研究，主要包括以下4个方面。

（1）线路及设备外绝缘的耐污闪能力研究。由于不同地区的污秽情况、地理环境有很大差异，同时不同类型绝缘子（或设备）的外表面积污情况、耐污闪能力也有较大不同，特高压系统在进行设备（绝缘子）外绝缘设计时首先应考虑设备外绝缘的耐污闪能力。

通过对多种1000kV特高压交流绝缘子和±800kV特高压直流绝缘子在常压下及不同气压下进行不同污秽、不同气压下的污闪试验发现，不同类型、不同形状的绝缘子盐密和闪络电压的关系曲线与海拔和闪络电压之间的关系曲线存在较大差异。结合特高压线路具体情况，就不同类型绝缘子的耐污闪特性而言，耐污闪能力依次为复合绝缘子、三伞瓷绝缘子、双伞绝缘子、玻璃绝缘子、棒型瓷绝缘子、普通绝缘子。交流试验结果显示，后4种绝缘子耐污闪能力相差不大。该试验数据已用于中国1000kV交流输电和±800kV特高压直流输电工程中的线路、变电站、换流站设备的外绝缘选择。这些外绝缘的选择具体包括在不同污秽、不同海拔地区、不同覆冰地区的绝缘子种类、伞形、串形、片数、串长和最小爬电距离的选择等。

（2）复合外绝缘性能及可靠性研究。为应对日益严重的大气污染，在特高压交直流工程中应用复合绝缘子势在必行。需对复合绝缘子机电特性、老化特性、机械疲劳、内部缺陷探测等问题，以及复合绝缘子在高海拔、覆冰条件下的外绝缘问题、线路及设备外绝缘 RTV（室温硫化硅橡胶）涂料的可靠性及其使用寿命的定义和判据等问题进行深入研究。

（3）外绝缘串长及串型选择。对输电线路而言，绝缘子的串长是确定塔头尺寸和塔头结构设计的基础。耐污闪性能好的绝缘子，其串长就相对较小。相反，耐污闪性能差的绝缘子会导致绝缘子串加长，工程造价也大大增加。另外，线路采用 V 形绝缘子串布置和采用悬垂绝缘子串形布置的积污及闪络电压也有所不同。因此，必须解决不同串型下的外绝缘水平选择问题。

（4）高海拔和覆冰问题研究。对高海拔及重污秽、覆冰、覆雪、强辐射等严酷环境条件下的外绝缘特性以及采用复合绝缘的可行性研究。特高压外绝缘包括架空输电线路绝缘和变电站及换流站绝缘。架空输电线路绝缘又可分为空气间隙和绝缘子两类。线路空气间隙包括导线对杆塔、导线之间、档距中间导线对地、档距中间导线对地面上运输工具或传动机械间的空气间隙。特高压变电站和换流站的主要绝缘介质也是空气，导线与架构之间采用绝缘子实现绝缘。特高压外绝缘特性研究就是指对以上绝缘在各种严酷环境下的放电特性研究及海拔修正和沿面闪络特性研究。复合绝缘子及复合绝缘外套具有优秀的防污闪性能和质量轻、物理化学性能稳定等特点。为了解决高海拔重污染地区的污染问题并同时控制线路杆塔塔身尺寸，对经过高海拔地区的特高压交、直流工程都考虑大量采用复合绝缘子。复合绝缘子在交、直流系统中具有不同的特性。直流复合绝缘子还需解决硅橡胶耐直流电弧烧蚀、端部金具耐泄漏电流腐蚀和直流电压下离子迁移对芯棒等材料的影响等问题。同时，还需考虑复合绝缘材料的老化、耐寒等问题。因此，必须对复合绝缘在特高压交直流工程中的应用进行深入研究。

三、特高压电晕特性

特高压设备和导线表面更高的表面电场强度使特高压电网的电晕放电比超高压严重得多，引起的能量损失、环境影响等危害也将会突显。电晕放电主要决定于设备外形及特高压线路结构。为了最大限度地抑制电晕，保证特高压电网的效益及安全性，必须研究特高压设备及线路的电晕特性，这些电晕特性的研究包括对不同天气条件下、不同海拔地区特高压线路及设备的电晕损失、起晕电压、电晕抑制措施等问题的试验研究。

我国已运行的特高压工程测试数据表明，通过合理选择导线数目和优化设计各相导线的结构及设备外形、加均压环等措施，可使电晕放电对特高压工程的影响降到允许范围以内。

四、特高压工程环境问题

特高压线路和变电站（换流站）对环境和生态的影响（电磁环境问题）是特高压交直流输电线路设计、建设和运行中必须考虑的重大技术问题。虽然研究表明特高压输电线路对环境的影响可以限制在允许的水平，但是特高压输电系统的环境标准涉及系统投资的经济性问题。环境的标准取得越高，系统的投资将会越大，甚至会成倍增长。因此，需要对实际布置的线路及变电站（换流站）的设备对环境的影响进行研究，确定相应指标限值，以期获得更高的性价比。

特高压工程环境问题主要包括以下 4 方面。

（1）特高压线路走廊问题。依据环境控制指标，研究特高压输电线路导线排列方式，使得满足环境要求的特高压输电线路走廊土地占有最小化。

（2）特高压线路可听噪声问题。进行特高压输电噪声研究，得到特高压线路噪声水平、限值、分布特性、影响范围等；寻求最佳导线分裂和排列方式以及相应降低噪声的措施。

（3）无线电干扰问题。对特高压系统运行时产生的电晕，对周围的无线电设备及二次系统产生的干扰水平、干扰范围、最大限值等问题进行研究。

（4）电磁环境问题。对特高压系统运行时产生的电场和磁场的强度、在周围空间的分布特性、对周围生态环境的影响范围、最大限值等问题进行研究。

上述（2）、（3）、（4）部分内容将见本单元课题四。

五、特高压设备

鉴于特高压工程的特殊性，特高压电气设备在选择上需特别考虑以下因素：①系统条件的差异；②环境条件的制约因素；③提高可靠性，留有必要的安全裕度；④减少设备制造难度；⑤充分考虑设备运输的限制；⑥在满足可靠性的前提下，注重特高压工程的经济性。

为保证特高压设备的可靠运行，必须进行：①特高压交、直流主设备技术规范制定；②特高压设备交接及预防性试验研究；③特高压设备检修技术研究；④特高压设备带电考核等。

我国现已具备特高压变压器、电抗器、换流阀、电容器、套管、导线、金具等主要电气设备的研发、制造能力。特高压设备及其特性详见第五、六单元。

课题四　特高压输变电系统对环境的影响

输变电系统对环境的影响主要指电力系统运行时产生的噪声，无线电干扰及工频电场、磁场对周围生态环境造成的有害影响。

高压输电线路、变电站（换流站）设备、连接线等导体上的电晕放电将发出噪声并产生高频脉冲电流（其中含高次谐波），交流系统还存在伴随其间的工频电场和磁场。当系统电压等级不高时，这些因素对周围环境的影响不明显，基本不会对生态环境造成危害。但随着输送电压等级的提高，尤其是在1000kV特高压下，系统产生的可听噪声、高次谐波和电磁场是否会引起环境保护问题（是否造成对人及动、植物的生理、心理影响，是否对周围无线电产生干扰），就成为衡量特高压输变电系统对环境是否造成危害的主要问题。

一、电晕效应及其对环境的影响

当高压带电体表面电场强度超过气体放电临界电场强度值后将使周围空气分子电离，出现电晕放电。气体中的电晕放电具有下列7种效应。

（1）极性效应。引起电晕的电极为正极性时其电晕区域大于电晕极为负极性时的电晕区域。因此，特高压系统高压极为正极性时的电晕放电比负极性电晕放电更严重。

（2）电离、复合等过程伴有声、光、热等效应。

（3）产生高频脉冲电流，其中还包含着许多高次谐波，会造成对无线电的干扰。

（4）发出人可听到的噪声，对人们会造成生理、心理上的影响。对于500kV及以下的输电系统，这个问题尚不严重；而对于1000kV及以上的输电系统，这个问题成为环境保护的重要内容。

（5）产生的高能量损耗，在某些情况下，会达到可观的程度。

（6）在尖端或电极的某些突出处，电子和离子在局部强场的驱动下高速运动，与气体分子交换动量，形成"电风"。机械、电气设计参数配合不佳的输电线路在不良气候下发生电晕时，对"电风"反作用力的积累，会使某些档距内的导线发生持续的大幅度的低频舞动。

（7）产生某些化学反应，如在空气中产生臭氧、一氧化氮和二氧化氮等。

影响线路电晕放电水平的因素主要有以下 4 种。

（1）导线表面状况。导线表面外来附着物和导线本身的金属凸出物、伤痕、油脂等均会影响导线表面场强分布，使局部强场点增多、电晕放电增强。

（2）导线附近的质点。当小的外部质点，如雪花、雨滴和灰尘等，经过导线附近时引起导线对质点放电、电晕放电增多。

（3）导线上的水滴。雨水在导线上的流动状况以及形成的水滴都直接影响导线表面电场。特别是水滴，会使表面电场发生较大畸变，使局部表面电场增强，电晕源点增多，电晕放电强度增加。

（4）空气密度和大气条件。相对空气密度和气象状况直接影响导线表面起晕临界场强。空气密度越大，电晕起始电场强度越高。因此，海拔越高的地区，电晕放电越严重；干燥天气下的电晕放电比潮湿情况下（空气中水分增加但还无水滴产生）的严重。

随着电压等级的提高，输变电系统产生的电晕效应也会增强，由此带来的对环境的噪声影响、无线电干扰也会加大。特高压系统电晕对环境产生的噪声和无线电干扰水平及其相关特性、限值范围是特高压工程要研究的关键问题。

（一）特高压系统噪声

1. 噪声及其特点

噪声可看成不同频率分量的合成。不同频率的声音，即使声压相同，入耳感觉的响亮程度也不同。一般人的可听噪声频率范围是 20～20000Hz。声音在空气中的衰减受相对湿度和频率的影响较大，即在相对湿度较低时衰减较大，当湿度高于临界值时，衰减随着湿度的增加而减小；频率较低的声音衰减较小，在频率为 1000Hz 以上时，发生明显的衰减。因此，在离开交流输电线路一定距离后，可听噪声中的高频分量会很快衰减。

交流输电线路可听噪声可以分为两部分：宽频带噪声（破裂声、吱吱声或咝咝声）和频率为 50Hz 及其整数倍的纯声（哼声、嗡嗡声）。宽频带噪声主要是由电晕放电产生的，它具有一定的随机性，与一般环境噪声有着明显区别，对人造成的烦躁程度起主导作用；交流纯声是由于导线周围空间电荷的来回运动使空气压力变换方向所致。这种噪声的频率是工频的倍数，其中 100Hz 的噪声最明显。

2. 特高压交流线路可听噪声的分布特性

对 1000kV 级交流特高压输电线路的可听噪声计算结果显示如下。

（1）沿线路垂直方向，随着与线路之间距离的增加，可听噪声逐渐衰减。在线路下方，可听噪声随距离的增加衰减较慢，在边相导线对地投影之外，可听噪声随距离的增加衰减较快。

（2）随着导线对地高度的增加，噪声也有所降低，但降低程度不很明显。

3. 气候对交流架空线可听噪声的影响

在干燥或晴朗的天气下，导线上主要有由尘埃、昆虫和导线本身的毛刺等引起的电晕放电，噪声水平比较低。交流输电线路在雨天、雾天、下雪天、导线潮湿或表面有水滴时，产生的电晕放电强，可听噪声比晴天大。通常的导线表面电场强度为 15～20kV/m，以大雨天作为参考水平，下小雨、下雾或潮湿导线可听噪声会降低 5～10dB；正常的不太热的干燥气候下会降低 15～20dB。

4. 特高压交流输电线路可听噪声限值

对特高压线路的可听噪声限值还没有国际标准，少数开展特高压研究建设的国家也只在各自的特高压线路设计中提出一个控制值，见表 1-2。从表中看到，国际上特高压输电线路可听噪声的限制值范围为 50～60dB（A）。

表 1-2　　　　　　　　　各国特高压线路可听噪声的设计规范值

国家	美国	日本	意大利	苏联
额定电压（kV）	1000	1000	1000	1150
电晕噪声建议限值（dB）	53	50	56	55
测点位置	边相导线对地投影外 15m	线路正下方	边相导线对地投影外 15m	边相导线对地投影外 45m

以美国推荐的特高压线路可听噪声预测公式为基础，结合我国实情，输电线路的可听噪声限值采用雨天时输电线路可听噪声限值［雨天输电线路噪声限制在 55dB（A）内］的 50%。由于交流线路晴天时的可听噪声比雨天时低约 15～20dB（A），因此此限值实际上是对最严重情况下噪声的限制，其他情况下噪声都小很多。

5. 特高压交流输电线路降低可听噪声措施及可听噪声水平

特高压交流输电线路降低可听噪声措施主要有以下 4 种。

（1）增加分裂导线的数目及直径。这是改善输电线路可听噪声最有效的方法。表 1-3 为在不同电压等级下不同分裂数及线径的导线在雨天时距导线 25m 处的噪声水平。

（2）采取子导线非对称分裂方式，尽可能使子导线分配的电荷均匀，以改善导线表面电场分布。

（3）在对称分裂子导线束中附加子导线，以改善各子导线表面电荷分布和减小导线表面场强。

表 1-3　　　　不同电压等级下不同分裂导线在雨天时距导线 25m 处的噪声水平

电压（kV）	导线选型（$n \times \phi$）	距导线 25m 处 ［dB(A)］
400	1×44mm	49
	2×26mm	46
	2×31mm	46
765	4×26mm	58
	4×31mm	55
	4×38mm	54

续表

电压（kV）	导线选型（$n \times \phi$）	距导线25m处［dB(A)］
1050	3×52mm	64
	4×44mm	62
	6×38mm	57
	8×31mm	53

（4）在导线上涂抹憎水涂料等，减小雨天时导线表面下方的水滴，从而减小电晕放电强度，以达到降低可听噪声的效果。

测试结果表明：只要合理设计导线，可以使交流特高压输电线路的可听噪声水平与超高压交流输电线路的水平相当。我国晋东南—南阳—荆门 1000kV 特高压交流线路采用 8×500mm²（8分裂，单导线截面面积为 500mm²）导线，如图 1-2 所示。测量结果显示边相导线投影外 20m 处晴天时的可听噪声小于 40dB（A）。

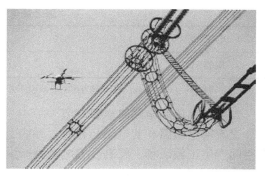

图 1-2　1000kV 特高压交流线路的导线

（二）特高压交流架空线路的无线电干扰

输电线路产生的电晕放电将会向空中辐射电磁波，该电磁波沿着线路两侧横向传播，使沿线一定范围内的无线电接收设备，在正常工作时所接收的有用信号的波形幅值和相位受到影响，导致这些无线电接收设备达不到正常工作所需的信噪比。除此之外，由于外界信号、无线电噪声作用于线路及铁塔，还将引起反射、传导或再辐射，形成无用信号，它们也可能对无线电接收产生干扰。

1. 特高压线路电晕放电对无线电的干扰范围

无线电干扰（RI）通常指对调幅广播频带 535～1605kHz 信号的干扰。

大量测量统计结果显示，输电线路电晕放电的频谱特性的频率范围为 0.15～44MHz。国际无线电干扰委员会（CISPR）推荐的测量频率是 0.5MHz。一般无线电干扰的频谱特性不受季节、时间、气候等条件的影响。

输电线路电晕放电产生的无线电干扰随着离开线路距离的增加而逐渐衰减。因为输电线路产生的无线电干扰的频率范围主要限于调幅广播频段，所以影响距离主要限于输电线路两侧 100～200m 的有限范围。

2. 特高压交流线路无线电干扰水平

美国、加拿大等国的试验结果表明，1050～1100kV 线路的导线（8分裂）在雨天距边相导线投影 15m 处的无线电干扰噪声在 46～65dB。与已运行的 500、750kV 线路的无线电干扰水平没有区别。我国晋东南—南阳—荆门 1000kV 特高压交流输电线路无线电干扰测量结果显示，边相导线投影外 20m 晴天时的无线电干扰小于 55dB（μV/m）。

由此可见，特高压输电线路的无线电干扰水平可以达到现有实际运行的最高电压等级线路的干扰指标。

3. 特高压输电线路的无线电干扰限值

评定无线电接收质量带有较大的主观性，因此一般通过大量收听试验从统计上评价信噪比对接收质量的影响。对于一般情况下的输电线路，国际无线电干扰特别委员推荐的是80%//80%规则，即在收听时间80%以上的时间内，架空输电线路的无线电干扰不超过允许值的最低置信度为80%。

关于输电线路的无线电干扰限值，还没有国际标准，国际无线电干扰特别委员会只建议了限值的定义和制定限值的原则，参考该建议，1995年给出了国家标准GB15707—1995《高压交流架空送电线　无线电干扰限值》见表1-4。在标准中，无线电干扰限值也随电压升高而增大。对于1000kV级交流特高压输电线路，晴天无线电干扰的限值目前暂取55dB，参考频率0.5MHz。参考点为边相导线投影外20m处。

表1-4　　　　　　　　　　　中国无线电干扰国家标准限值

电压（kV）	110	220～330	500
限值（dB）	46	53	55

注　参考频率为0.5MHz；参考点为边相导线投影外20m处。

二、特高压输电线路电磁环境

交流输电线路和变电站运行时，导线上的电荷将在空间产生工频电场，导线内的电流将在空间产生工频磁场。特高压输电线路产生的电磁场应该说与超高压输电产生的没有严格的区别。但由于电压的升高、电流的增加，特高压输电线路产生的电磁场成为公众关心的重要问题。特高压输电线路的电磁场强度水平决定输电铁塔的结构尺寸，直接影响输电成本，同时影响输电线路周围电磁环境。

在发展交流特高压输电时，原则上将地面工频电场和工频磁场水平控制在与超高压输电工程相同的水平，即通过规定限值，合理设计，将地面电磁场强度控制在可接受的范围，不对环境造成有害影响。

（一）特高压交流输变电系统的工频电场

为了防止工频电场暴露危害健康，需规定工频电场强度的限定值。

工频电场对健康的危害主要考虑3个方面：①防止引起不舒服的暂态电击；②防止稳态电击电流大于摆脱电流；③防止引起有害的生态效应。除此之外，国际上通常还为限制输电线路存在大型物体或车辆引起的稳态电击电流，制定了相关的安全规程。

中国参考ICNIRP（国际非电离辐射防护委员会）电磁场国际暴露导则，给出了更严的限值。线路下方，离地面1.5m高处的工频电场强度：对于一般地区，如公众容易接近的地区、线路跨越公路处，电场强度限值取7kV/m；跨越农田，电场强度限值取10kV/m；线路邻近民房时，房屋所在位置离地1m处的最大未畸变电场强度不得超过4kV/m。

1. 特高压交流架空输电线路的工频电场分布

输电线路导线沿线路方向距档距中央不同距离处导线的对地高度是不同的，相应该处的各个横向截面内的电场分布也不相同，其中档距中央线场强最大。故工程上常用该处横向截面内的场强分布来表征输电线路的工频电场分布。图1-3和图1-4所示分别为中国1000kV晋东南—南阳—荆门特高压线路典型酒杯塔和猫头塔布置线路电场强度分布测试布点图及其工频电场强度计算值与测试值的分布曲线。该曲线测试及计算路径以档距中央中相导线地面投影为起点，沿垂直导线方向测试的电场分布。

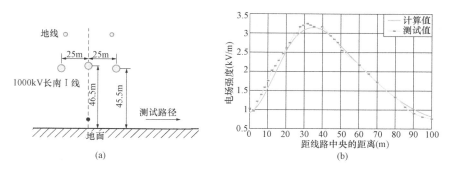

图1-3　酒杯塔线路的电场强度分布测试布点图及其工频电场强度分布曲线

（a）电场强度分布测试布点图；（b）工频电场强度分布曲线

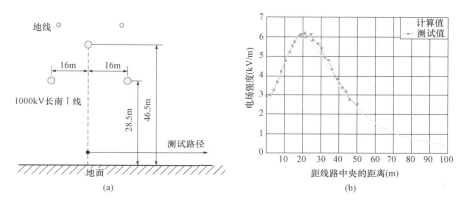

图1-4　猫头塔线路电场强度分布测试布点图及其工频电场强度分布曲线

（a）电场强度分布测试布点图；（b）工频电场强度分布曲线

由图1-3和图1-4可知，线路最大电场强度出现在边相外侧，并且小于10kV/m。根据理论计算与现场实测对比可知，只要对导线进行合理的设计并选择合适的对地高度，可以使交流特高压输电线路的工频电场水平达到500kV交流输电线路水平。

2. 特高压变电站的工频电场分布

特高压变电站主要由电力变压器、断路器、隔离开关、电压互感器、电流互感器、避雷器、架空母线、进出线等组成。同架空输电线路一样，这些暴露在空间的带电导体上的电荷和导体内的电流将在变电站内产生工频电场和磁场。

对不同电压等级实测的超高压变电站电场强度的数据表明超高压变电站地面电场强度一般控制在10kV/m左右，变电站内电场强度的分布不均匀。

对特高压变电站的测试表明，站内电场强度最大值出现在特高压主变压器和特高压高抗区域，其值略大于10kV/m且小于11kV/m，此区域范围很小。

（二）特高压交流输变电工程的工频磁场

为防止工频磁场危害健康，各国规定了工频磁场限值。中国采用了ICNIRP（国际非电离辐射防护委员会）电磁场国际暴露导则给出的偏严限值$100\mu T$作为特高压工程工频磁场限值。

1. 特高压交流输电线路的工频磁场及其分布

输电线路工频磁场的特点：①电流随用电负荷的变化而变化，使工频磁场强度也随着变化；②随着与输电线路距离的增加，工频磁场强度快速降低，并且与工频电场强度相比，工频磁场强度随距离增大下降得更快；③只有磁性材料的物体引入，才能改变磁场的分布，所以输电线路周围的工频磁场不如工频电场那样容易畸变，树木、房屋对工频磁场也几乎没有屏蔽作用；④输电线路的工频磁场是一个旋转椭圆场。

特高压线路磁感应强度沿线路垂直方向的分布曲线（计算和实测曲线）如图 1-5 和图 1-6 所示。图中以档距中央中相导线投影为原点，沿垂直于线路方向为 X 增加的方向。

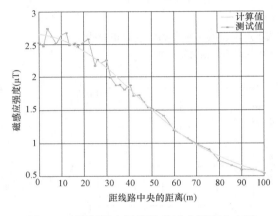

图 1-5　酒杯塔布置线路磁感应强度分布图　　图 1-6　猫头塔布置线路磁感应强度分布图

由图 1-5 和图 1-6 可知，线路最大磁感应强度出现在线路中央，最大 3.5μT，小于 100μT；随着离开线路的距离增加，磁感应强度呈指数下降。

2. 特高压变电站工频磁场及其分布

在变电站内，载流导体纵横交错，带电设备多种多样，变电站内空间某点的工频磁场已不再是二维场，而是三维场。一般用离地面 1m 的工频磁场来表征该点的工频磁场大小。变电站工频磁场分布和大小主要与载流导体分布以及导体内的电流大小有关。特高压变电站的带电导体电压比超高压变电站的高，这一因素对工频电场的分布和场强影响较大，但对工频磁场的分布不会产生实质性影响。

从 500kV 和 330kV 变电站内各位置工频磁场的测量结果来看，超高压变电站内的最大磁场主要出现在 35kV 并联电抗器附近，最大磁感应强度为 22μT 左右，小于 100μT。

中国对已运行的多个特高压变电站的工频磁场测试表明：在 1000kV GIS 区域和 1000kV 高压电抗器区域的磁感应强度较大，最大磁感应强度出现在 1000kV GIS 区域，为 32μT 左右，小于 100μT。

思考与讨论

1. 什么是电网？它由哪些部分组成？它有什么基本功能？
2. 何谓电网的安全和稳定？电网稳定需满足什么要求？电网失稳有什么后果？
3. 区域电网互联有哪些好处？

4. 我国电网有哪几个序列？特高压电网的主要功能是什么？有什么特点？

5. 影响特高压电网发展的主要因素有哪些？

6. 未来电网有哪些特征？

7. 特高压电压等级的选择基本原则和方法是什么？电网什么时候引进特高压合适？

8. 特高压输电关键技术主要有哪些？

9. 电晕放电会带来哪些不良后果？影响交流架空线路电晕放电水平的主要因素有哪些？

10. 特高压工频电场（磁场）对动植物健康可能带来哪些危害？中国对工频电场（磁场）的限值怎么规定？

11. 特高压交流输电线路的工频电场和工频电磁场的分布特点是什么？其最大值出现在何处？是多少？

12. 特高压线路的噪声分哪几部分？线路可听噪声中的主要成分是什么？

13. 交流输电线路可听噪声的分布特性怎样？气候条件对可听噪声有什么影响？

14. 交流输电线路降低可听噪声的措施主要有哪些？

15. 我国特高压交流线路可听噪声水平怎样？我国特高压输电线路的可听噪声限值是多少？

16. 无线电干扰指对什么信号的干扰？特高压线路的无线电干扰水平怎样？干扰范围多大？

17. 我国特高压输电线路的无线电干扰限值怎么规定？

18. 试组织辩论我国在 21 世纪初开展特高压输电工程建设的必要性。

第二单元

特高压交流输电系统特性

课题一　特高压交流输电线路参数特性

一、输电线路参数

输电线路的基本电气参数包括电阻（R）、电导（G）、电感（L）和电容（C），它们决定了输电线路和电网的特性。对超/特高压交流输电线路来说，电阻主要影响输电线路的功率损耗；电导代表绝缘子的泄漏电阻和电晕损失，也会影响功率损耗（稳态分析时一般可忽略不计）；电感是决定电网潮流分布的主要因素，影响输电线路的电压降落和电力系统的稳定性能；线间电容和对地电容在交流电压作用下使线路产生充、放电电流，不仅影响输电线路的电压降落，也影响输电效率及电力系统的有功和无功分布。

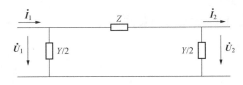

图 2-1　输电线路 Π 型等值电路

特高压输电线路可用串联阻抗 $Z=R+j\omega L$ 和并联导纳 $Y=G+j\omega C$ 进行模拟。正常运行方式下，无论按分布参数还是按集中参数考虑，输电线路均可用 Π 型或 T 型网络等值。在电力系统分析中一般用 Π 型网络呈现单位长度输电线路或整条输电线路的阻抗和导纳及其电压和电流关系，如图 2-1 所示。

交流电流通过导线时，其电流密度由导线中心向导线表层逐渐增加，称为交流电流的集肤效应。为使电流在导线内尽可能均匀分布、充分利用导线截面、降低线路电阻、减少电晕对环境的影响，在特高压输电线路中，不采用单根大截面实心导线，而采用数根小截面的子导线，彼此用绝缘支架分隔开且捆绑成导线束，构成一相导线，称为分裂导线。导线分裂结构对线路感抗和容抗会产生影响，相导线截面积大致相同时，不同分裂导线结构（包括子导线间距或分裂导线直径）对线路感抗和容抗的影响见表 2-1。

表 2-1　　　　　　　　　　**导线分裂结构对导线感抗和容抗的影响**

子导线数	总截面积（mm²）	分裂间隙（cm）	分裂导线直径（cm）	X_L（Ω/km）	X_C（Ω/km）
1	2515	—	—	0.556	0.189
2	2544	45	45	0.433	0.150
3	2625	45	52	0.390	0.136
4	2544	46	65	0.357	0.125
6	2392	46	92	0.319	0.111
8	2400	39	102	0.258	0.106
12	2539	33	127	0.215	0.096

注　互几何间距 $D_{eq}=14m$。

（一）线路电感的计算

电流通过导线将在其周围产生磁场，根据电磁感应定律，导线闭合环路的磁场与导线的电流或电压关系就是电感或电抗。电感的大小由导线本身的几何尺寸和结构、导线间的距离和空间的磁导率决定。

1. 两条平行导线的电感

对于两条线间距为 d、长度为 l 的平行导线，假设 $l \gg d$，单位长度的自感 L_S 和互感 M 分别为

$$L_S = 2 \times 10^{-7} \left[\ln\left(\frac{2l}{r}\right) + \frac{\mu}{4} - 1 \right] \tag{2-1}$$

$$M = 2 \times 10^{-7} \left[\ln\left(\frac{2l}{d}\right) - 1 \right] \tag{2-2}$$

式中　l——导线长度，m；

　　　r——导线半径，m；

　　　μ——相对磁导率；

　　　d——两条线间距，m。

如果定义导线的自几何均距 $D_S = re^{-\frac{1}{4}}$，对于非铁磁材料导线（如 $\mu = 1$ 的铝线和铜线），则自感 L_S 为

$$L_S = 2 \times 10^{-7} \left[\ln\left(\frac{2l}{D_S}\right) - 1 \right] \tag{2-3}$$

2. 两条平行对称分裂导线的电抗

对于两条平行对称分裂导线 a 和 b，假定分裂导线中各子导线的电流相同时，其单位长度自感 L_S 和互感 M_{ab} 分别为

$$L_S = 2 \times 10^{7} \left\{ \ln\left[\frac{2l}{(ND_S A^{N-1})^{\frac{1}{N}}} \right] - 1 \right\} \tag{2-4}$$

$$M_{ab} = 2 \times 10^{-7} \left[\ln\left(\frac{2l}{d}\right) - 1 \right] \tag{2-5}$$

式中　N——分裂导线的子导线数；

　　　A——分裂导线组成的圆周半径，m；

　　　r——导线半径，m；

　　　D_S——导线的自几何均距 $D_S = re^{-\frac{1}{4}}$。

其单位长度的自电抗 X_{aa}、X_{bb} 和互电抗 X_{ab} 为

$$X_{aa} = X_{bb} = \omega L_s = 2\pi f L_s \tag{2-6}$$

$$X_{ab} = \omega M_{ab} = 2\pi f M_{ab} \tag{2-7}$$

3. 三相输电线路对称分裂导线的电抗

三相分裂导线之间的互几何均距 D_{eq} 为

$$D_{eq} = \sqrt[3]{d_{ab} d_{bc} d_{ca}}$$

式中：d_{ab}、d_{bc}、d_{ca} 为输电线路三相之间的距离，m。

对于均匀换位的三相输电线路，单位长度分裂导线的电感 L_0 和电抗 X_0 分别为

$$L_0 = L_S - \frac{1}{3}(M_{ab} + M_{bc} + M_{ca}) = 2 \times 10^{-7} \ln\left[\frac{D_{eq}}{(ND_S A^{N-1})^{\frac{1}{N}}} \right] \tag{2-8}$$

$$X_0 = \omega L_0 = 2\pi f L_0 \tag{2-9}$$

式中：M_{ab}、M_{bc}、M_{ca} 为三相之间的互感，H。

（二）线路电容的计算

三相输电线路正常运行时，相电容由相导线对地电容和三相导线间电容组成。电容的大小和子导线直径、分裂导线圆的半径、分裂导线子导线数、导线对地高度、空气介电常数等有关。

1. 单相对称分裂导线的对地电容

假定电荷在各子导线均匀分布且各子导线电压相等，分裂导线对地电容 C_{aa} 计算公式为

$$C_{aa} = \frac{1}{\left\{\dfrac{1}{2\pi\varepsilon}\ln\left[\dfrac{2H}{(rNA^{n-1})^{\frac{1}{N}}}\right]\right\}} \tag{2-10}$$

式中　N——子导线数；

　　　　H——分裂导线的对地高度，m；

　　　　r——子导线半径，m；

　　　　ε——介电常数，$\varepsilon = \dfrac{1}{36\pi} \times 10^{-9} \text{F/m}$；

　　　　A——分裂导线的圆周半径，m。

2. 三相输电线路的等效电容

对于均匀换位的三相输电线路，单位长度三相输电线路对称分裂导线的等效电容 C 为

$$C = \frac{1}{P} = \frac{2\pi\varepsilon}{\ln\left[\dfrac{D_{eq}}{(rNA^{N-1})^{\frac{1}{N}}}\right]} \tag{2-11}$$

式中　N——子导线数；

　　　　D_{eq}——三相分裂导线之间的互几何均距，单位为 m，$D_{eq} = \sqrt[3]{d_{ab}d_{bc}d_{ca}}$；

　　　　r——子导线半径，m；

　　　　ε——介电常数，$\varepsilon = \dfrac{1}{36\pi} \times 10^{-9} \text{F/m}$；

　　　　A——分裂导线的圆周半径，m。

单位长度三相输电线路对称分裂导线的电纳 B_0 为

$$B_0 = \frac{1.744 \times 10^{-5}}{\ln\left[\dfrac{D_{eq}}{(rNA^{N-1})^{\frac{1}{N}}}\right]} \tag{2-12}$$

单位长度三相输电线路对称分裂导线的容抗 X_{C0} 为

$$X_{C0} = 0.573 \times 10^5 \ln\left[\frac{D_{eq}}{(rNA^{N-1})^{\frac{1}{N}}}\right] \tag{2-13}$$

（三）线路电阻的计算

由于集肤效应和邻近效应的影响，导线的交流和直流电阻不一样，根据应用不同，先求子导线的直流或交流电阻，然后求分裂导线的电阻，分裂导线电阻是各子导线并联后的电阻值，即

$$R_0 = \frac{r_1}{N} \Bigg\}$$
$$r_1 = \frac{\rho}{S} \Bigg\} \tag{2-14}$$

式中　R_0——单位长度分裂导线的电阻，Ω/km；

　　　r_1——单位长度子导线的电阻，Ω/km；

　　　N——子导线数；

　　　S——子导线的额定截面积，mm^2；

　　　ρ——导线材料的电阻率，$(\Omega \cdot mm)/km$。

单位长度子导线的电阻通常是 20℃时的电阻值，当输电线路实际运行温度不等于 20℃时，应修正其电阻值，修正式为

$$r_t = r_{20}[1 + \alpha(t - 20)]$$

式中　r_t、r_{20}——温度分别为 t、20℃时单位长度子导线的电阻，Ω/km；

　　　α——电阻温度系数，$1/℃$。

由于绞扭引起的钢芯铝绞线实际长度增加、计算的截面积略大于实际截面积等因素，导线的实际电阻与计算电阻略有差异。

（四）特高压交流输电线路的典型参数

特高压交流输电线路的电抗、电纳和电阻值由子导线数、子导线半径、分裂导线直径和相间导线距离等决定，而这些又与输电线路的电晕特性要求、输电线路工频电场及工频磁场限制、绝缘水平和输电成本有关。由于输电能力的要求、电晕引起的可听噪声、无线电干扰、工频电磁场限制标准不完全一致，对于同一电压等级的各种特高压交流输电线路来说，单位长度的电抗、电纳和电阻会有一定差别。表 2-2 列出了特高压交流输电线路的典型参数。

表 2-2　　　　　　　　　　　　特高压交流输电线路的典型参数

参数	电压等级（kV）		
	500	750	1000
分裂导线	4×300	6×400	8×500
分裂间距（cm）	42.0	40.0	40.0
分裂导线直径（cm）	59.4	80.0	104.5
相间距离（m）	13.0	21.7	26.3
$R_0(\Omega/km)$	0.02625	0.01261	0.00782
$X_0(\Omega/km)$	0.284	0.269	0.259
$B_0(\Omega/km)$	3.910×10^{-6}	4.306×10^{-6}	4.392×10^{-6}
$R_0^*(1/km)$	1.05×10^{-5}	0.224×10^{-5}	0.078×10^{-5}
$X_0^*(1/km)$	1.136×10^{-4}	0.478×10^{-4}	0.259×10^{-4}
$B_0^*(1/km)$	9.775×10^{-3}	24.221×10^{-3}	43.920×10^{-3}

注　R_0^*、X_0^*、B_0^* 是以 100MVA 为基准值的标幺值。

二、特高压交流输电线路的等值电路及参数计算

特高压交流输电线路的电阻、电抗、电导和电纳沿线路长度均匀分布。在进行电力系统

潮流和机电暂态计算分析时，一般采用集中等效参数代替分布参数；在进行电磁暂态计算分析时，采用分布参数。

（一）分布参数等值电路的计算

分布参数的等值电路由多个单位长度线路的等值Π型网络组成，其示意图如图2-2所示。图中单位长度线路的串联阻抗 $Z_0 = R_0 + jX_0$，单位长度线路的并联导纳 $Y_0 = G_0 + jB_0$。

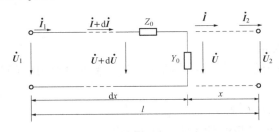

图2-2　分布参数等值电路示意图

电压和电流的微分方程分别为

$$\frac{\mathrm{d}\dot{U}}{\mathrm{d}x} = \dot{I}Z_0$$

$$\frac{\mathrm{d}\dot{I}}{\mathrm{d}x} = \dot{U}Y_0$$

$\gamma = \sqrt{Z_0 Y_0} = \alpha + j\beta$ 为输电线路的传播系数，其中实部 α 为衰减系数，虚部 β 为相位系数。

$Z_{\mathrm{C}} = \sqrt{\dfrac{Z_0}{Y_0}} = RC + jXC$ 为输电线路的波阻抗，也称为特征阻抗。

对于特高压交流输电线路来说，$G_0 \ll B_0$，$R_0 \ll X_0$，G_0 和 R_0 一般可忽略不计，认为其是无损线路，则特高压交流输电线路的传播系数 γ 和波阻抗 Z_c 的计算式分别为

$$\gamma = \sqrt{j\omega L_0 \cdot j\omega C_0} = j\omega \sqrt{L_0 C_0} = j\beta \qquad (2-15)$$

$$Z_\mathrm{c} = \sqrt{\frac{j\omega L_0}{j\omega C_0}} = \sqrt{\frac{L_0}{C_0}} \qquad (2-16)$$

特高压交流输电线路的波阻抗 Z_c 和传播系数 γ 与分裂导线的结构和相间距离有关，与输电线路长度无关。不同的分裂导线结构和相间距离有不同的波阻抗和传播系数，但同一电压等级输电线路的波阻抗和传播系数差别很小。典型特高压交流输电线路的特征阻抗和传播系数见表2-3。可以看出，不同电压等级的传播系数差别不大。

表2-3　　特高压交流输电线路特征阻抗和传播系数（三相导线呈三角形排列）

电压等级（kV）	500	750	1000
Z_c（Ω）	$270.1\angle-2.64°$	$250.1\angle-1.34°$	$242.9\angle-0.86°$
γ（rad/km）	$1.0560\times10^{-3}\angle-87.36°$	$1.0770\times10^{-3}\angle-88.66°$	$1.0668\times10^{-3}\angle-89.14°$
α（nepers/km）	0.048×10^{-3}	0.0252×10^{-3}	0.0161×10^{-3}
β（rad/km）	1.0549×10^{-3}	1.0767×10^{-3}	1.0667×10^{-3}

长度为 l 的交流输电线路Π型等值电路的阻抗 Z 和导纳 Y 参数计算公式分别为

$$Z = Z_\mathrm{c}\sinh\gamma l \qquad (2-17)$$

$$Y = \frac{2(\cosh\gamma l - 1)}{Z_\mathrm{c}\sinh\gamma l} \qquad (2-18)$$

（二）输电线路Π型等值电路阻抗和导纳的计算方法

输电线路Π型等值电路阻抗和导纳的计算方法有两种：①分布参数计算法；②单位长

度参数与距离相乘法。

1. 分布参数计算法

分布参数法计算步骤如下。

（1）根据分裂导线结构和相间距离计算每千米的电阻 R_0、电抗 X_0、电导 G_0 和电纳 B_0；

（2）计算每千米的阻抗 Z_0 和导纳 Y_0；

（3）计算波阻抗 Z_c 和传播系数 γ；

（4）根据线路长度，由式（2-17）和式（2-18）分别计算阻抗 Z 和导纳 Y。

2. 单位长度参数与距离相乘法

单位长度参数与距离相乘法步骤如下。

（1）根据分裂导线结构和相间距离计算每千米的电阻 R_0、电抗 X_0、电导 G_0 和电纳 B_0；

（2）计算每千米的阻抗 Z_0 和导纳 Y_0；

（3）Z_0 和 Y_0 分别乘以线路长度，便可得到 Π 型等值电路的集中参数。

3. 分布参数计算法和单位长度参数与距离相乘法的计算方法的结果比较

单位长度参数与距离相乘法用于粗略线路参数估计。对于长度为 300km 的 1000kV 输电线路，分布参数计算法计算的等效电阻 R、电抗 X 及电纳 B 和单位长度参数与距离相乘法计算的等效电阻 R'、电抗 X' 及电纳 B' 值见表 2-4。可以看出，用单位长度参数与距离相乘法计算的电阻、电抗值偏大，而电纳值则偏小，误差随线路长度增加而增大。

表 2-4　　　　　　　　300km 的 1000kV 输电线路的等值参数计算值

电阻（Ω）		电抗（Ω）		电纳（s）	
R	R'	X	X'	B	B'
2.266	2.345	76.38	77.70	1.329×10^{-3}	1.318×10^{-3}

课题二　特高压交流输电线路输电特性

一、线路传输功率及功率损耗

计算特高压交流输电线路功率和电压的 Π 型等值电路如图 2-3 所示，其中 $Z=R+jX$，$Y=G+jB$，计算时不考虑电晕功率损耗和绝缘子泄漏功率损耗，令并联电导 $G=0$，U_1 和 U_2 为送、受端的线电压，I_1 和 I_2 为送、受端的线电流，S 为三相复功率，$S=P+jQ$。

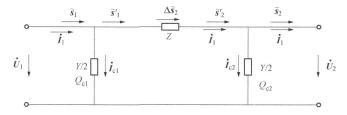

图 2-3　计算特高压交流输电线路功率和电压的 Π 型等值电路

在已知 U_2、I_2 和 $P_2 + jQ_2$ 的情况下，可以画出 U_1、I_1 和 U_2、I_2 之间的相量图，即输电线路电压、电流向量图如图 2-4 所示。

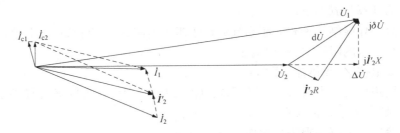

图 2-4　输电线路电压、电流向量图

输电线路的功率损耗 $\Delta \widetilde{S}_2$ 为

$$\Delta \widetilde{S}_2 = I_2'^2 Z = \left(\frac{S_2'}{U_2}\right)^2 Z = \frac{P_2'^2 + Q_2'^2}{U_2^2}(R + jX)$$

$$= \frac{P_2^2 + (Q_2 - Q_{c2})^2}{U_2^2}(R + jX)$$

$$\tag{2-19}$$

式中　U_2——受端电压，kV；

　　　I_2——受端电流，A；

　　　P_2——受端有功功率，kW；

　　　Q_2——受端无功功率，kvar；

　　　Z——线路阻抗，单位为 Ω，$Z = R + jX$；

　　　B——线路电纳，S。

线路阻抗 Z 上的有功损耗 ΔP_2 和无功损耗 ΔQ_2 分别为

$$\Delta P_2 = \frac{P_2^2 + (Q_2 - Q_{c2})^2}{U_2^2} R \tag{2-20}$$

$$\Delta Q_2 = \frac{P_2^2 + (Q_2 - Q_{c2})^2}{U_2^2} X \tag{2-21}$$

线路电容的充电功率或线路电纳上的无功功率 Q_{c2} 为

$$Q_{c2} = \frac{1}{2} B U_2^2 \tag{2-22}$$

线路电导 G 忽略为 0，即特高压交流输电线路功率损耗还包括电晕放电功率损耗和绝缘子泄漏损耗，计算中忽略不计。

从上式可以看出，线路的有功损耗和无功损耗与输送的有功功率和无功功率的二次方之和成正比，与电压二次方成反比。因此，在输送相同有功功率的情况下，提高输电线路电压能显著减少线路有功损耗；减少线路的无功传输，可大大减少线路有功和无功损耗，提高线路运行的经济性，减少受端并联无功补偿投资。

对于一个给定的输送功率来说，输电线路电阻的功率损耗与输电电压二次方成反比，与电阻成正比。通常情况下，1000kV 特高压交流输电线路每千米电阻约为 500kV 特高压交流输电线路的 30%。当两个电压等级的输电线路流过相同电流时，1000kV 特高压交流输电线路电阻的功率损耗仅为 500kV 特高压交流输电线路的 30%。采用特高压输电能明显地降低输电线路电阻的功率损耗。图 2-5 给出长度为 161km 的 500kV 和 1000kV 输电线路电阻功率损耗与输送功率的关系。

二、自然功率

1. 自然功率的概念

自然功率又称波阻抗负荷功率，是指输电线路的受端每相接入一个波阻抗 $Z_c = \sqrt{\dfrac{Z_0}{Y_0}}$ 的负荷。

当输电线路受端接入波阻抗 Z_c 时，下列关系式成立，即

$$\frac{\dot{U}_2}{\dot{I}_2} = Z_c \qquad (2-23)$$

$$\frac{\dot{U}_1}{\dot{I}_1} = \frac{\dot{U}_2}{\dot{I}_2} = Z_c \qquad (2-24)$$

自然功率 $\tilde{S}_{zc}$ 的计算式为

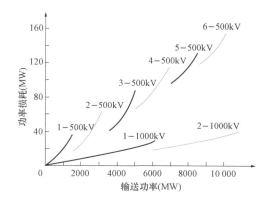

图 2-5　长度为 161km 的 500kV 和 1000kV 和输电线路功率损耗与输送功率的关系

$$\tilde{S}_{zc} = \frac{U_2^2}{\dot{Z}_c} \qquad (2-25)$$

对于表 2-3 所列的特高压交流输电线路波阻抗值 $Z_c = 242.9\angle -0.86°$ 来说，1000kV 输电线路的自然功率 $\tilde{S}_{zc} = 4116.5 - j61.8$（MVA）。考虑到导线型号、布置方式等因素的影响，不同类型特高压输电线路的阻抗参数可能有所不同，其自然功率也可能有所变化。如表 2-3 所列的特高压交流线路为三角形排列，若采用水平排列则波阻抗 Z_c 变为 $Z_c = 253.9\angle -0.84°$，自然功率 $\tilde{S}_{zc} = 3938.1 - j57.7$（MVA）。

2. 特高压输电线路在输送功率时的特性

特高压输电线路在输送功率时（以自然功率为参考进行分析），有如下特性。

（1）输电线路在输送自然功率时，送端和受端的电压和电流间相位相同，功率因数没有变化，沿线路电压和电流幅值不变。

（2）输电线路在输送自然功率时，线路电抗的无功损耗基本等于线路电纳（线路电容）产生的无功功率。因此，在输电线路的送端和受端既不产生无功功率，也不吸收无功功率。

（3）输电线路电容产生的无功功率与电压有关，与输送的有功功率和无功功率基本无关，而输电线路电抗的无功损耗不仅与电压有关，还与输送功率成二次方关系。线路电容产生的无功功率和线路电抗的无功损耗均是输电线路长度的函数，即输电线路长度增加，电抗的无功损耗和电容产生的无功损耗都增加。

（4）当线路输送功率大于自然功率时，送端的电源必须向线路输入无功功率才能保持无功功率平衡和电压稳定。随着输送功率的增加，输入的无功功率将随之增加。

（5）当线路输送的功率小于自然功率时，线路电容产生的无功大于线路电抗消耗的无功功率，使送端和受端电压升高，送端电源要吸收无功。

（6）自然功率是电压和输电线路单位长度阻抗和导纳的函数，线路输送的自然功率与输

电线路长度无关。

三、充电功率与净无功功率

1. 充电功率

充电功率是输电线路电容产生的无功功率。图 2-6 描述的是不同电压等级输电线路电容产生的充电功率与输电距离的关系。从图 2-6 看出，1000kV 特高压交流输电线路产生的无功功率几乎为 500kV 特高压交流输电线路的 5 倍。

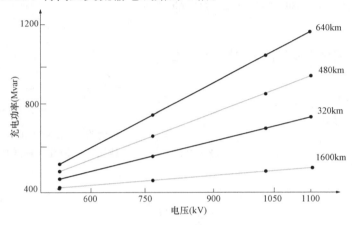

图 2-6　不同电压等级输电线路电容产生的无功功率与线路电压和距离的关系

2. 净无功功率

净无功功率是线路电抗消耗的无功功率和线路电容产生的无功功率之差。图 2-7 列出了长度为 161km 的不同电压等级输电线路的传输功率与净无功功率的关系。可以看出，1000kV 交流输电线路电容产生的无功功率比 500、750kV 大得多。因此，特高压交流输电的电压无功调节难度要比超高压大。

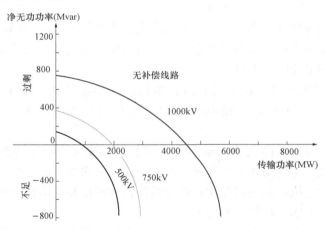

图 2-7　长为 161km 的不同电压等级输电线路的传输功率与净无功功率的关系

为了限制工频过电压，通常在特高压交流输电线路送端和受端装设并联电抗器进行无功补偿。对于 500kV 输电线路，并联补偿包括高压并联电抗器（简称高抗）和低压并联电抗器（简称低抗）补偿，通常要补偿线路 90% 及以上的充电功率。

　　对于特高压交流输电线路来说，并联补偿容量要兼顾工频过电压限制和输送不同功率的无功调节，一般情况下，高抗、低抗的总容量宜使线路充电功率基本予以补偿。

　　如果用可控电抗器补偿代替固定并联电抗器补偿，将能兼顾工频过电压限制和无功调节，非常有利于特高压电网的运行。可控电抗器的调节方式应是：输电线路输送功率较小或空载时，补偿容量处于最大值；随着输电线路功率的增加，平滑地减少补偿容量，使输电线路电抗消耗的无功功率主要由线路电容产生的无功功率来平衡；而当三相跳闸甩负荷时，快速反应增大补偿容量，以限制工频过电压。

四、输电线路电压降落

　　如图 2-4 所示（输电线路电压电流向量图），通过推导可得

$$\dot{U}_1 = \dot{U}_2 + \Delta U + \mathrm{j}\delta U = \dot{U}_2 + \mathrm{d}\dot{U} \tag{2-26}$$

$$\Delta U = \frac{P_2 R + (Q_2 - Q_{c2})X}{U_2} \tag{2-27}$$

$$\delta U = \frac{P_2 X - (Q_2 - Q_{c2})R}{U_2} \tag{2-28}$$

$$U_1 \approx U_2 + \Delta U \tag{2-29}$$

式中　U_1——送端的线电压，kV；

　　　U_2——受端的线电压，kV；

　　　$\mathrm{d}\dot{U}$——电压降落，kV；

　　　ΔU——电压损耗，通常以百分数表示，即 $\Delta U\% = \dfrac{U_1 - U_2}{U_N} \times 100\%$；

　　　U_N——线路额定电压，kV。

　　从式（2-27）和式（2-28）可以看出，电压损耗与输送无功功率成正比，与电压成反比。因此，减少线路无功功率的传输，有利于输电系统电压调节，提高受端电压水平，提高输电的电压稳定性。

五、功率-电压特性

　　1. 受端开路时输电线路电压和电流分布

　　输电线路的电压 $\dot{U}$ 和电流 $\dot{I}$ 可以用送端电压 $\dot{U}_1$ 表示为

$$\frac{U}{U_1} = \frac{\cos\beta x}{\cos\theta} \tag{2-30}$$

$$\frac{I}{\dfrac{U_1}{Z_c}} = \frac{\sin\beta x}{\cos\theta} \tag{2-31}$$

式中　θ——线路角，单位为 rad，$\theta = \beta l$；

　　　x——线路上任一点到受端的距离，m；

　　　Z_c——线路特征阻抗，Ω；

　　　β——相位系数，rad/km。

　　利用输电线路参数，设定送端电压为额定值并保持恒定，可以计算出输电线路沿线电压和电流分布。图 2-8 所示为一条长为 300km 的 1000kV 特高压交流输电线路的电路及其受端开路时的电压和电流分布。

　　从图 2-8 可以看出，长度为 300km 的 1000kV 交流输电线路在受端开路时，其电压高

于送端 5.2%，即图中的 1.052。对于一条长 600km 的输电线路，受端开路的稳态电压将是 1.24p. u.，即受端电压将高于送端 24%。因此，对于远距离特高压交流输电线路来说，按 300km 左右建立电压支持点是比较合适的。

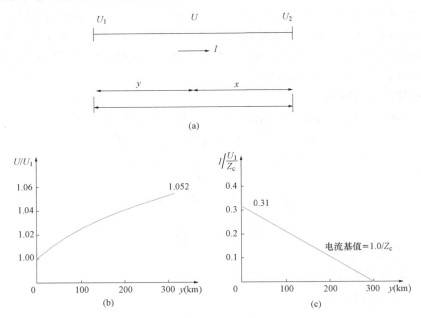

图 2-8　长为 300km 的 1000kV 特高压交流输电线路的电路及其受端开路时的电压和电流分布
(a) 电路示意图；(b) 电压分布；(c) 电流分布

2. 输电线路两端连接电源、空载时的电压和电流分布

假定送、受端电压相等，对于无损线路，电压和电流的分布关系可用如下公式计算，即

$$\dot{U} = \dot{U}_1 \frac{\cos\beta\left(\dfrac{l}{2} - r\right)}{\cos\left(\dfrac{\theta}{2}\right)} \tag{2-32}$$

$$\dot{I} = -\mathrm{j}\frac{\dot{U}_1}{Z_c} \frac{\sin\beta\left(\dfrac{l}{2} - r\right)}{\cos\left(\dfrac{\theta}{2}\right)} \tag{2-33}$$

图 2-9 给出了一条长 400km 的特高压交流输电线路的电路及其在送、受端母线电压恒定的情况下，空载时的沿线电压和电流分布。

从图 2-9 可以看出，为了保证特高压交流系统的稳定运行，送、受端的发电机应能吸收线路充电产生的无功功率。如果超过了发电机低励限制或稳定限制的无功容量，必须加装无功补偿装置。

3. 负荷增长时的母线电压变化

对于任意给定的受端负荷和送端电压，可得受端电压为

$$\dot{U}_1 = \dot{U}_2\cos\theta + \mathrm{j}Z_c\sin\theta\left(\frac{P_2 - \mathrm{j}Q_2}{\overset{*}{\dot{U}}_2}\right) \tag{2-34}$$

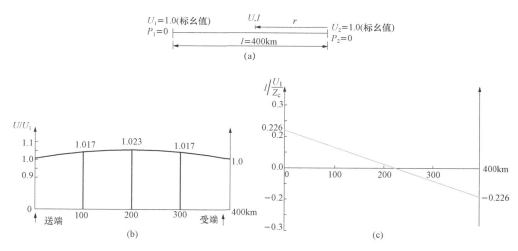

图 2-9 长为 400km 的特高压交流输电线路的电路及其在送、受端母线电压恒定的
情况下空载时的沿线电压和电流分布
(a) 电路示意图; (b) 电压分布; (c) 电流分布

图 2-10 给出的是在送端电压固定的情况下, 受端电压 U_2 与 U_1 的比值 U_2/U_1 和受端
和负荷 P_2 与自然功率 P_0 的比值 P_2/P_0 之间的关系曲线。

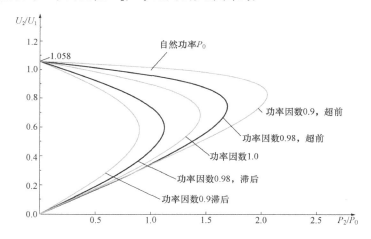

图 2-10 送端电压固定时, 输电线路的功率-电压特性

从图 2-10 可以看出:

(1) 对于任意的负荷功率因数, 有一个固有的最大传输功率极限。

(2) 低于最大极限功率值可以有两个不同的电压值, 正常运行时, 电压应在较高的值,
一般应限制在 U_2/U_1 为 1.0 左右较小的范围内, 在较低的电压处运行有可能造成电压不
稳定。

(3) 负荷功率因数对电压 U_2 和最大传输功率有明显的影响, 当受端为感性负荷时, 功
率极限和 U_2 均较小; 当受端为容性负荷时, 电压 U_2 比较平稳, 功率极限较高。因此在受
端安装并联电容补偿装置或静止无功补偿装置 (SVC) 将能较好地调节电压, 提高功率
极限。

　　图2-11给出受端电压、输电线路长度与负荷之间的关系。对于较长的线路，受端电压U_2对负荷P_2的变化极为灵敏。

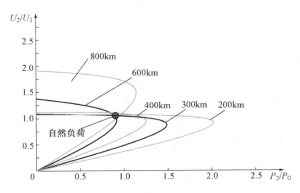

图2-11　受端电压、输电线路长度与负荷之间的关系

课题三　特高压交流系统稳定性

一、电力系统稳定性的基本概念

　　电力系统稳定性是电力系统的属性，是指电力系统中各同步发电机在受到扰动后保持或恢复同步运行的能力。保证电力系统稳定性是电力系统正常运行的必要条件。

　　国际上尚未有统一的有关电力系统稳定性的分类标准。依据DL 755—2001《电力系统安全稳定导则》，电力系统稳定性一般分为功角稳定性、频率稳定性和电压稳定性。在此基础上，根据扰动大小、动态过程特征和参与动作的元件及控制系统动作特性，再细分为众多子类。DL 755—2001关于电力系统稳定性的分类如图2-12所示。

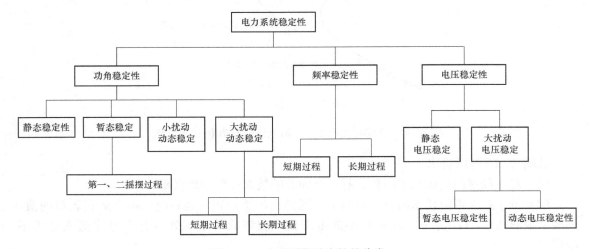

图2-12　电力系统稳定性的分类

（一）功角稳定性

电力系统功角稳定性由各发电机的同步力矩和阻尼力矩的大小和正负决定，没有足够的

同步力矩会造成转子滑行失步，没有足够的阻尼力矩会造成振荡失步。功角失稳表现为同步发电机受到扰动后不再保持同步运行的现象，发电机在电力系统受到扰动后保持同步的能力，由其电磁力矩（包括同步力矩和阻尼力矩）决定。

电力系统功角稳定性可分为静态稳定、暂态稳定、小扰动动态稳定和大扰动动态稳定。

1. 静态功角稳定

静态稳定是指电力系统受到小扰动后不发生非周期性失稳的功角稳定性，其物理特性是指与同步力矩相关的小扰动动态稳定性。暂态稳定主要用于定义电力系统正常运行和事故后运行方式下的静稳定储备情况。

发电机经特高压输电线路接入电力系统的接线图如图 2-13 所示。电机内电动势为 E_q，内阻抗为 X_d，电力系统电压 U_s，电力系统的等效电抗 X_D，发电机以外的电力系统参数以等效的 jX_s 代替。

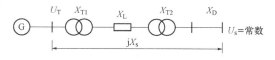

图 2-13 发电机经高压线路接入电力系统接线图

根据电力系统功角特性曲线，功角 δ 在 $0° < \delta < 90°$ 时，电力系统受到任何小扰动，经过若干次微小的功率角摆动都能自行恢复到原始的平衡点，因此电力系统是静态稳定的。功角 δ 在 $90° < \delta < 180°$ 时，电力系统运行是不稳定的。

在 $\delta = 90°$ 时，电力系统达到静态稳定的临界点，电功率达到最大值（极限值），静态稳定极限功率 P_{max} 为

$$P_{max} = \frac{E_q U_s}{X_d + X_s}$$

2. 暂态功角稳定

暂态稳定主要指电力系统受到大扰动后第一、第二振荡周期的稳定性，可用于确定电力系统暂态稳定极限和稳定措施，其物理特性是指与同步力矩相关的暂态稳定性。

发生线路故障后，发电机的输出电功率减少，而原动机输送给发电机的机械功率来不及变化，发电机转子开始加速，使功率角 δ 增大。故障切除后，发电机输出功率大于原动机功率，发电机受到制动力矩作用而减速。当转子在加速过程中动能的增加小于在减速过程中动能的减少时，电力系统是暂态稳定的。否则，电力系统是暂态不稳定的。

3. 小扰动动态稳定

小扰动动态稳定是指系统受到小扰动后不发生周期性振荡失稳的功角稳定性，其物理特性是指与阻尼力矩相关的小扰动动态稳定性。主要用于分析系统正常运行和事故后运行方式下的阻尼特性。

4. 大扰动动态稳定

大扰动动态稳定主要指电力系统受到大扰动后，在电力系统动态元件和控制装置的作用下保持电力系统稳定性的能力，其物理特性是指与阻尼力矩相关的大扰动动态稳定性。

（二）电压稳定性

电压稳定性是指电力系统受到小的或大的扰动后，系统电压能够保持或恢复到允许的范围内，不发生电压崩溃的能力。电力系统出现电压不稳定的主要原因是电力系统在发生扰动、增加负荷或改变运行条件时不能满足无功功率的需要。

根据受到扰动的大小，电压稳定性分为静态电压稳定和大扰动电压稳定。

1. 静态电压稳定

静态电压稳定是指系统的负荷逐渐增长变化时系统控制电压的能力，主要用于定义电力系统正常运行和事故后运行方式下的电压静稳定储备情况。静态电压稳定问题通常可作为静态问题来分析，通常用输电系统特性（p-v 曲线和 v-q 曲线）来确定静态电压稳定裕度和分析影响电压稳定的因素。

在输电参数 X 和允许的电压降落（U_R/E）情况下，可以画出 qp 曲线簇，如图 2-14 所示。

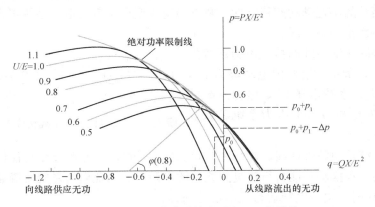

图 2-14　输电线路受端电压和 qp 曲线簇

这曲线簇的切线形成的连线就是该输电系统的功率限制线。它表明为了保持受端系统电压稳定，受端系统有功功率、无功功率和电压制约的临界关系。在重负荷条件下，当要求送端发电机向受端输送更多的有功功率时，受端系统必须有更强的无功功率支持，才能保持受端电压稳定在给定的水平。如图 2-14 所示，当受端功率为 P_0，要求受端电压保持在送端电动势的 90% 时，如果要增加线路有功功率输送，受端系统必须有充足的无功储备或电压支持，才能保持电力系统稳定运行。

输电系统的静态稳定极限所输送的有功功率发生在功角 $\delta = 90°$ 的时候，最大可能的输送功率为 EU_R/X，同时要求送端发出无功 E^2/X，受端应向线路输送无功 U_R^2/X。

（1）输电系统的 p-v 曲线。

输电系统的 p-v 曲线是在输电线路受端负荷功率因数给定的情况下，受端电压 U_R 随输电线路输送功率的变化关系，即在送端电动势给定的情况下受端电压 U_R 随负荷的变化关系曲线。

当 $\tan\phi$ 给定时，可以画出一条输电线路受端 p-v 曲线；改变 $\tan\phi$ 值，可画出输电线路受端 p-v 曲线簇，如图 2-15 所示。

从图 2-15 可以看出输电系统有以下基本特性。

1）在任意的负荷功率因数下，输电线路有一个固定的输送功率最大值，即功率极限。图 2-15 中的点画线为不同功率因数下的功率极限值。

2）低于最大功率值的任意功率可以有两个不同的电压 U_R 值。正常运行时，U_R 处于较高的值，通常限制在 U_R/E 为 1.0 较窄的范围内，如图 2-15 所示虚线的范围。较低的电压值，通常是电压不稳定的运行点。

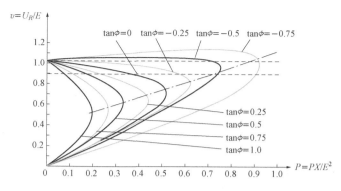

图 2-15 输电线路受端 $p\text{-}v$ 曲线簇

注：$\tan\phi=1.0$、0.75、0.5、0.25、0 分别对应负荷功率因数 0.0707、0.8、0.0894、0.97、1.0。

3）负荷功率因数对输电线路输送的最大功率有明显的影响。感性负载，即 Q 为正时，线路输送功率极限和 U_R 较低；容性负荷，即 Q 为负时，U_R 较高，因而线路输送功率极限高。

（2）输电系统的 $v\text{-}q$ 曲线。

对于给定的 p 值，可画出一条 $v\text{-}q$ 曲线；改变 p 值，则可画出 $v\text{-}q$ 曲线簇，如图 2-16 所示。

从图 2-16 可以看出，受端电压升高，无功功率将增加。因此，导数 $\dfrac{\mathrm{d}Q}{\mathrm{d}U}$ 大于零的区域是电压稳定区。导数 $\dfrac{\mathrm{d}Q}{\mathrm{d}U}$ 为零的点是电压稳定极限点，其对应的电压为电压稳定临界电压。这样 $v\text{-}q$ 曲线最低点的右部为电压稳定运行区，左部为电压不稳定运行区。

2. 大扰动电压稳定

大扰动电压稳定包括暂态电压稳定和动态电压稳定，是指电力系统受到大扰动后系统不发生电压崩溃的能力。暂态电压稳定主要用于分析快速的电压崩溃问题，动态电压稳定主要用于分析电力系统在响应较慢的动态元件和控

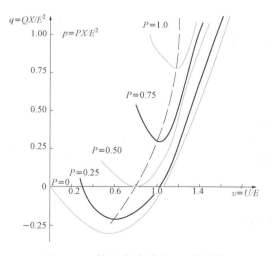

图 2-16 输电线路受端 $v\text{-}q$ 曲线簇

制装置作用下的电压稳定性，如有载调压变压器、发电机定子和转子过流和低励限制、可操作并联电容器、电压和频率的二次控制、恒温负荷等。

大扰动指的是如双回输电线路中的一回线路故障跳开后功率突然转移到另一回输电线路，或受端弱系统的一台发电机跳闸，或在受端系统突然接入一个大负荷，或受端系统无功补偿装置突然退出等。由这些大扰动引起的系统功率，特别是无功功率，重新分配及无功缺乏所引起的问题称大扰动电压稳定性问题。由于系统元件的非线性动态特性的相互作用，大扰动的电压稳定性是一个长期的动态过程，时间从几秒到十几分钟。因此，大扰动电压稳定性又称为长期电压稳定性。

（三）频率稳定性

频率稳定性是指电力系统突然发生的有功功率扰动后，电力系统频率能够保持或恢复到允许的范围内不发生频率崩溃的能力。其主要用于研究电力系统的旋转备用容量和低频减载配置的有效性与合理性，以及网源协调问题。

频率反映了电力系统中有功功率供需平衡的基本状态。当电力系统中各发电厂的总有功出力满足全网电力负荷的总需求，并能随负荷的变化而即时调整时，电网的平均运行频率将保持为额定值。如果电力系统的有功功率供大于求，电网的平均运行频率将高于额定值，反之，则将低于额定值。

电力系统中许多用电设备的运行状况和频率有密切关系，工农业生产中大量使用的异步电动机，其转速和系统频率有关，频率变化将引起异步电动机转速的变化。同时，系统频率降低时，异步电动机和变压器的励磁电流将增加，引起系统无功功率增加，在系统备用无功电源不足的情况下，将导致电压降低。

大型电力系统中频率动态变化及频率稳定、功角稳定、电压稳定都不是彼此独立的现象，而是相互诱发、相互关联的统一物理现象的不同侧面，且受到网络结构及运行状况的影响。当出现有功功率不平衡时，将出现一系列动态响应和发电功率重新调整过程，以重新达到新的发电及负荷功率的平衡。

二、电力系统安全稳定标准及稳定性判据

1. 电力系统承受大扰动能力的安全稳定标准

电力系统承受大扰动力的安全稳定标准分为三级：第一级标准是保持稳定运行和电网的正常供电；第二级标准是保持稳定运行，但允许损失部分负荷；第三级标准是当电力系统不能保持稳定运行时，必须防止系统崩溃并尽量减少负荷损失。

（1）第一级标准。正常运行方式下的电力系统受到单一元件故障扰动后，保护、断路器及重合闸正确动作，不采取稳定控制措施，必须保持电力系统稳定运行和电网的正常供电，其他元件不超过规定的事故过负荷能力，不发生连锁跳闸。单一元件故障主要包括：①任何线路单相瞬时接地故障重合闸成功；②受端系统任一台变压器故障退出运行；③任一回交流联络线路故障或无故障断开不重合闸等。

对于发电厂的交流送出线路三相故障、直流送出线路单极故障、两级电压的电磁环网中高一级电压单回线路故障或无故障断开，必要时可采用切机或快速降低发电机组出力的措施。

（2）第二级标准。正常运行方式下的电力系统受到较严重的故障扰动后，保护、断路器及重合闸正确动作，应能保持稳定运行，必要时允许采取切机和切负荷等稳定控制措施。这些故障主要包括：①单回线路单相永久性故障重合闸不成功及无故障三相断开不重合闸；②任一段母线故障；③同杆并架双回线路的异名两相同时发生单相接地故障重合闸不成功，双回线路三相同时跳开等。

（3）第三级标准。电力系统因故障情况导致稳定破坏时必须采取措施，防止系统崩溃，避免造成长时间大面积停电和对最重要用户（包括厂用电）的灾害性停电，使负荷损失尽可能减少到最小，电力系统应尽快恢复正常运行。这些故障主要包括：故障时断路器拒动，故障时继电保护、自动装置误动或拒动，多重故障等。

2. 电力系统各类稳定性的主要判据

（1）静态功角稳定判据。在正常运行方式下，对于不同的电力系统，按功角判据计算的静态功角稳定储备系数应为 15%～20%；在事故后运行方式和特殊运行方式下，静态储备系数不应低于 10%。

（2）暂态稳定判据。电力系统遭受大扰动后，先引起电力系统各机组之间功角相对增大，在经过第一、第二摇摆不失步。

（3）小扰动动态稳定判据。在正常方式下，区域振荡模式以及与主要大电厂、大机组强相关的振荡模式的阻尼比一般应达到 0.03 以上；故障后的特殊运行方式下，阻尼比至少达到 0.01～0.02。

（4）大扰动动态稳定判据。电力系统受到扰动后，在动态摇摆过程中发电机相对功角、发电机有功功率和输电线路有功功率呈衰减振荡状态，电压和频率能恢复到允许的范围内，大扰动后电力系统动态过程的阻尼比应不小于 0.01。

（5）静态电压稳定判据。在区域最大负荷或最大断面潮流下，正常运行或检修方式的区域负荷有功功率裕度应大于 8%；$n-1$ 故障后方式的区域负荷有功功率裕度应大于5%；在区域最大负荷或最大断面潮流下，$n-1$ 故障后方式的母线负荷无功功率裕度应大于 5%。

（6）暂态和动态电压稳定判据。在电力系统受到扰动后的暂态过程中，目前一般采用的实用判据为：负荷母线电压能够在 10s 内恢复到 80% 以上；在电力系统受到扰动后的中长期过程中，负荷母线电压能够保持或恢复到 90% 以上。

（7）频率稳定判据。电力系统频率能迅速恢复到额定频率附近继续运行，不发生频率崩溃，也不使事件后的系统频率长期悬浮于某一过高或过低的数值。

（8）中长期稳定判据。中长期动态过程的失稳判据可采用功角稳定判据、电压稳定和频率稳定的判据。

课题四　电力系统参数对特高压交流系统输电能力的影响

送、受端电力系统强度通常用特高压输电线路接入点的短路容量表示，接入点的短路阻抗越小，短路容量越大，表示系统的强度越强。在中短输电距离的场合，由于线路阻抗小，输电能力主要取决于送、受端系统强度。但随着输电距离的增加，线路阻抗增加，输电能力的变化主要取决于线路阻抗（输电距离的变化），而对送、受端系统强度的强弱变化就不大敏感了。下面主要分析特高压线路阻抗和发电机、变压器阻抗及系统阻抗的关系，以及参数对特高压交流系统输电能力的影响。

一、变压器电抗与特高压输电线路电抗的比率

特高压输电线路接入电力系统有以下两种方法。

（1）输电线路直接将电厂接入受端电网。这种接入方法在我国超高压输电工程中应用较多。

（2）输电线路将送端系统与受端系统连接，实现送端系统和受端系统的大容量输电和电网互联。这种接入方法可实现送端系统（包括电源基地或电站群）灵活地向受端系统输送大容量功率。

特高压输电无论采用哪种接入电力系统的方法，输电线路两端都必须有升压变压器和降压变压器，变压器电抗等参数将影响特高压输电能力。变压器的电抗值与变压器的结构、使用的绝缘材料有关，一般来说随额定电压的升高而加大。

为了求出变压器电抗与线路电抗的比率关系，首先要根据变压器的技术数据计算其电抗参数。表 2-5 列出的是我国 500、750、1000kV 变压器与电抗器有关的典型参数。

表 2-5　　　　　我国 500、750、1000kV 变压器与电抗器有关的典型参数

变压器电压（kV）	500	750	1000
升压变压器容量（MVA）	750	780	1120
升压变压器变比	22/525	18/800	27/1050
升压变压器电抗（p.u.）	0.120（0.016）	0.145（0.019）	0.158（0.014）
降压变压器容量（MVA）	750	2100	3000
降压变压器变比	525/230	800/363	1050/525
降压变压器电抗（p.u.）	0.123（0.016）	0.179（0.009）	0.180（0.006）

注　表中变压器电抗值的标幺值是以基准电压为各电压等级的平均额定电压，基准容量为自身容量计算得来的，括号内的数值基准容量为 100MVA。

根据表 2-5 所列的变压器数据和表 2-2 特高压交流输电线路的典型参数，可以计算出升压变压器电抗 X_{T1} 和降压变压器电抗 X_{T2} 以及包括输电线路电抗器在内的线路总电抗的比率关系，即

$$b = \frac{X_{T1} + X_{T2}}{X_{T1} + X_{T2} + X_L}$$

对于不同长度的输电线路，发电机经升压变压器直接接入 500、750、1000kV 输电系统时变压器电抗所占线路总电抗的比率关系见表 2-6。

表 2-6　　　不同长度的输电线路发电机经升压变压器直接接入 500、750、1000kV 输电系统时其电抗占线路总电抗的比率关系

输电线路长度（km）		100	200	300	400	500	600
电压等级（kV）	500	0.688	0.524	0.423	0.355	0.306	0.268
	750	0.765	0.619	0.520	0.448	0.394	0.351
	1000	0.778	0.636	0.538	0.476	0.412	0.368

注　计算变压器比率时，升压变压器、降压变压器、线路电抗归算到相同容量。

由表 2-6 可知，对于不同长度的输电线路，随着输电电压的升高，变压器电抗对输电能力的影响越来越大。

二、发电机电抗与特高压输电线路电抗的比率

600MW 及以上功率的发电机一般经升压变压器组成单元式接线直接接到 500kV 及以上电压等级母线，然后经过升压变电站母线和超/特高压升压变压器及特高压输电线向负荷中心（受端系统供电）。因此，在分析超/特高压输电线路的输电能力时，发电机内部电抗对输电能力的影响受到关注。我国 300、600、1000MW 发电机典型参数见表 2-7。

表 2 - 7 　　　　　　　　　　**我国 300、600、1000MW 发电机典型参数**

机组功率（MW）	300	600	1000
机组容量（MVA）	333	667	1111
机组电压（kV）	20	22	27
d 轴同步电抗 X_d（p. u.）	1.682（0.505）	1.894（0.284）	2.611（0.235）
d 轴暂态电抗 $X_d{}'$（p. u.）	0.206（0.062）	0.273（0.041）	0.267（0.024）
q 轴同步电抗 X_q（p. u.）	1.752（0.526）	1.894（0.284）	2.489（0.224）
q 轴暂态电抗 $X_q{}'$（p. u.）	0.243（0.073）	0.273（0.041）	0.356（0.032）
q 轴次暂态电抗 $X_q{}''$（p. u.）	0.160（0.048）	0.200（0.030）	0.244（0.022）
负序电抗（p. u.）	0.163（0.049）	0.220（0.033）	0.211（0.019）
转子惯性时间常数（s）	2.319	5.0547	10.637
励磁绕组定子开路时间常数 $T_{d0}{}'$（s）	4.350	8.450	8.860
阻尼 D 绕组定子开路时间常数 $T_{d0}{}''$（s）	0.051	0.050	0.036
阻尼 g 绕组定子开路时间常数 $T_{q0}{}'$（s）	1.000	0.900	2.500
阻尼 Q 绕组定子开路时间常数 $T_{q0}{}''$（s）	0.051	0.050	0.200

注　表中发电机电抗值是基准电压为各电压等级的平均额定电压，基准容量为自身容量的标幺值，括号内的数值基准容量为 100MVA。

发电机（发电厂）经超高压或特高压输电线路接入系统时，发电机 d 轴暂态电抗 X'_d 与输电线路电抗 X_L 的比率为 $\theta = \dfrac{X'_d}{X_L}$。表 2 - 8 列出了 600MW 发电机暂态电抗与不同电压等级不同长度输电线路电抗的比率。

表 2 - 8　　　　**600MW 发电机暂态电抗与不同电压等级不同长度输电线路电抗的比率**

输电线路长度（km）		100	200	300	400	500	600
电压等级 （kV）	500	2.600	1.300	0.867	0.650	0.520	0.433
	750	2.750	1.375	0.917	0.688	0.550	0.485
	1000	2.800	1.400	0.933	0.700	0.560	0.467

注　计算发电机电抗比率时，发电机、输电线路电抗归算到相同容量。

由表 2 - 8 可知，随着输电电压的升高，发电机内部电抗对输电能力的影响越来越大。对于中、短距离超高压和特高压输电线路来说，X'_d 和 $X_{T1} + X_{T2}$ 成为整个输电工程限制输电能力的主要因素。

三、发电机（厂、站）接入方式对特高压输电能力的影响

发电机（厂、站）接入特高压电网一般有两种方式，下面以 500kV 电力系统为例说明。

第一种是经 500kV 升压变压器接入 500kV 升压变电站母线，由母线汇集各发电机功率，然后由 500/1000kV 升压变压器接入特高压电网，如图 2 - 17（a）所示。这种接入方式，500/1000kV 特高压升压变压器制造技术门槛相对较低，应用较为广泛，但两级升压变压器

增加了发电厂与电网之间的联系电抗，会降低电厂送出能力。

第二种是经特高压升压变压器直接接入特高压电网，如图 2 - 17 （b）所示。这种接入方式，可减小发电厂与电网之间的联系电抗，提高发电厂送出能力。2010 年 12 月，我国首台特高压交流升压变压器研制成功，可直接将百万千瓦级发电机组的输出电压由 27kV 升至1000kV，使得第二种接入方式具备技术可行性。

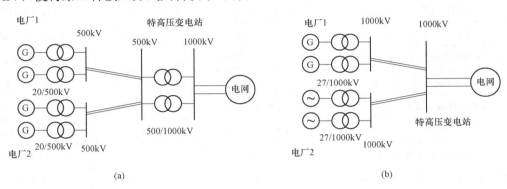

图 2 - 17　发电机（厂、站）接入特高压电网
（a）发电机（厂、站）经过两级升压变压器介入特高压电网示意图；
（b）发电机（厂、站）经过特高压升压变压器接入特高压电网示意图

采用两级升压变压器，会增加升压变压器的等值阻抗，降低发电厂送出能力；采用一级特高压升压变压器，会提高发电厂送出能力。

四、电力系统参数对特高压输电能力的影响

讨论两个电网之间的特高压输电能力，在特高压输电规划和设计中，分析影响特高压输电能力的各个因素时，对于两大电网互联系统，送端和受端系统可以等效为两个等值电抗和电动势。两个电网之间通过特高压互联主要有三种模式，如图 2 - 18 所示。第一种模式为特高压联络线两端均通过变压器接入系统；第二种模式为特高压联络线一端通过特高压电网接入系统，另一端通过变压器接入系统；第三种模式为特高压联络线两端均通过特高压电网接入系统。

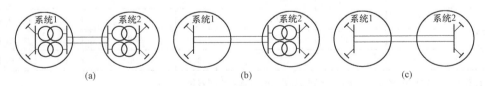

图 2 - 18　两个电网之间通过特高压互联的三种模式
（a）特高压联络线两端均通过变压器接入系统；（b）特高压联络线一端通过变压器另一端通过特高压电网接入系统；
（c）特高压联络线两端均通过特高压电网接入系统

1. 送、受端系统强度对特高压输电能力的影响

送、受端系统的强度用特高压输电线路接入点的短路电流表示，特高压电压等级接入点的短路电流为 63kA 的系统强度 S_K 为 $S_K = \sqrt{3}UI_d$、系统等效电抗 X_K 为 $X_K = \dfrac{100}{S_K}$，等效电抗以 100MVA 为基准值。不同电压等级的送、受端系统强度见表 2 - 9。

表2-9	不同电压等级的送、受端系统强度	
额定电压（kV）	送、受端系统强度	
	S_K（MVA）	X_K
500	54558	0.00183
750	81837	0.00122
1000	109116	0.00092

注 送、受端等效电抗以100MVA为基准值。

图2-19给出的是送、受端系统强度对特高压输电能力的影响。

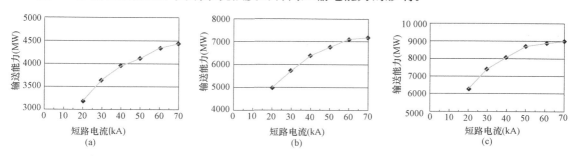

图2-19 送、受端系统强度对特高压输电能力的影响
(a) 300km长的500kV双回线；(b) 400km长的750kV双回线（线路高抗补偿度80%）；
(c) 600km长的1000kV双回线（线路高抗补偿度80%）

可以看出，送、受端系统从弱到强变化，线路输电能力由小到大明显增加，并且电压等级越高，输电能力增加越明显。这是由于相同输电距离条件下，电压等级越高，输电线路阻抗在系统总阻抗中占的比例越小，系统阻抗占的比例越大，送、受端系统越强，特高压输电能力变化越明显。但随着输电距离的增加，输电能力变化趋势会减少。

2. 并联电抗器对特高压输电能力的影响

超/特高压输电线路存在大的电容充电电流，通常必须在输电线路两端装设并联电抗器以补偿电容电流，控制工频过电压。从物理意义上来看，根据星形-三角形阻抗变换公式可知，线路并联电抗器，相当于增加了输电线路的电抗，减少了输电线路的自然功率，从而间接影响了输电能力，一般会影响线路的自然功率，从而间接影响最大输电能力，其影响的程度取决于电压等级和送、受端的系统电抗。图2-20给出了线路并联电抗器对特高压输电能力的影响。

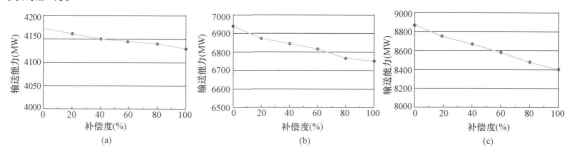

图2-20 线路并联电抗器对特高压输电能力的影响
(a) 300km长的500kV双回线；(b) 400km长的750kV双回线；(c) 600km长的1000kV双回线

装设高补偿度的并联电抗器可以解决工频过电压、潜供电流等问题，但在电力系统重载运行方式下会增加无功损耗，降低系统电压水平，影响系统输送能力。可控电抗器可以有效解决无功补偿与限制过电压的矛盾，在系统潮流发生变化时，可以根据调压要求调节投入容量，一旦发生暂态过程，它会快速增大容量而呈现出深度的强补效应，限制操作过电压和工频过电压。除此之外，可控电抗器还有助于增强系统的稳定性，它既能在故障后起到无功支撑的作用，提升系统动态电压，也可以增加系统的阻尼抑制振荡。

3. 串联电容补偿对特高压输电能力的影响

串联电容补偿的作用相当于减少了输电线路的长度，串联电容补偿可以进一步大幅度提高特高压输电能力。即使在送、受端系统比较弱的情况下，串联电容补偿也能较好地提高线路输电能力。图 2 - 21 展示了不同串联电容补偿度对提高输电能力的作用（以 600km、1000kV 双回线路为例）。

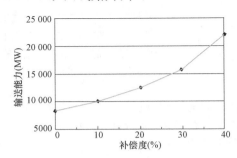

图 2 - 21　不同串联电容补偿度
对提高输电能力的作用
（以 600km、1000kV 双回线路为例）

加装可控串联电容补偿是可行的。

采用可控串联电容补偿可以对其等效容抗进行平滑、连续、快速调节，从而改变所在线路的电抗值，不但起到与常规固定串联电容补偿相同的作用，还具有控制线路潮流、提高电力系统暂态稳定性、阻尼低频振荡等作用，具有抑制次同步振荡的功能，可以消除次同步振荡对串联电容补偿补偿度的限制。因此，同固定串联电容补偿相比，可控串联电容补偿具有明显的技术优越性，我国正在开展特高压可控串联电容补偿系统应用可行性研究，为满足未来特高压电网大规模、远距离送电的需要，提高电网运行的稳定性水平并节约输电走廊，在输电通道上

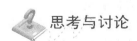

思考与讨论

1. 影响特高压输电线路电阻、电感和电容有哪些因素？
2. 怎么计算特高压输电线路的电阻、电抗和容抗？
3. 什么是特高压输电线路的自然功率？特高压输电技术有哪些特性？
4. 电力系统稳定性是如何分类的？
5. 分析发电机参数对特高压输电线路的影响。
6. 分析变压器参数对特高压输电线路的影响。
7. 简述并联电抗器在特高压输电线路上的作用。
8. 简述串联电容器在特高压输电线路上的作用。

第三单元

特高压直流输电特性

课题一　高压直流输电基本原理

直流输电是以直流电的方式实现电能的传输。交流输电与直流输电相互配合构成现代电力传输系统。电力系统中的发电和用电绝大部分为交流电，要采用直流输电必须进行交、直流电的相互转换。也就是说，在送端需将交流电转换成直流电（称为整流），而在受端又必须将直流电转换为交流电（称为逆变），然后才能送到受端交流系统中去。送端进行整流的场所称为整流站，受端进行逆变的场所称为逆变站，整流站和逆变站可统称为换流站。

一、直流输电系统的基本组成

直流输电系统主要由整流站、直流输电线路、逆变站三部分组成，如图3-1所示。

具有功率反送功能的直流系统换流站，既可作为整流站运行，又可作为逆变站运行。当功率反送时整流站变为逆变站运行，而逆变站则变为整流站运行。换流站的主要设备有换流变压器、换流器、平波电抗器、交流滤波器和无功补偿设备、直流滤波器、控制保护装置、远动通信系统、接地极线路、接地极等。

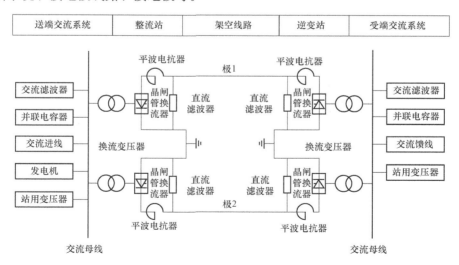

图3-1　直流输电系统基本构成图

二、换流原理

直流系统中实现交直流互换的装置是换流器（整流器、逆变器统称换流器）。换流器通常采用12个（或6个）换流阀组成12脉动换流器（或6脉动换流器）。

1. 整理器原理

6 脉动整流器原理接线如图 3-2 所示。图 3-3 给出正常工作时整流器相关的电压和电流波形。6 脉动整流器是通过换流阀三相桥式连接的 6 个桥臂（阀）V1～V6 按序通断，将

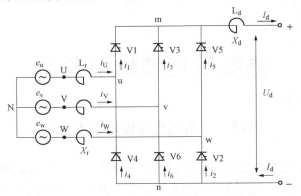

图 3-2　6 脉动整流器原理接线图

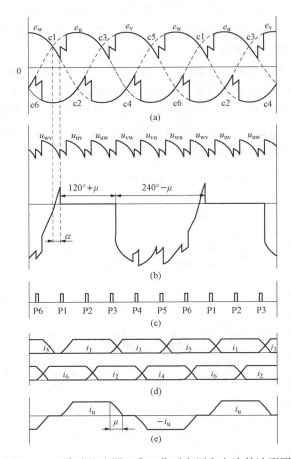

图 3-3　6 脉动整流器正常工作时电压和电流的波形图

（a）交流电动势和直流侧 m 和 n 点对中性点的电压波形；（b）直流电压和阀 1 上的电压波形；
（c）触发脉冲的顺序和相位；（d）阀电流波形；（e）交流侧 A 相电流波形

交流电变为直流电。数字 1～6 为阀的导通序号。通常每个阀由多个晶闸管元件串联构成，具有晶闸管的特点且满足直流电压的设计要求。图 3-2 中 e_u、e_v、e_w 为交流系统等值工频基波正弦相电动势，X_r 为每相等值换相电抗，X_d 为平波电抗值。交流系统线电压 U_{uv}、U_{vw}、U_{vu}、U_{wu}、U_{wv}、U_{uv} 为换相阀的换相电压。规定换相电压由负变正的过零点为换流阀触发角计时的零点。在理想条件下，认为三相交流系统是对称的，触发脉冲是等距的，换流阀的触发角也是相等的，触发角用 α 表示。6 脉动整流器触发脉冲之间的间距为 60°（电角度）。

电压为正半波的区间是换流阀具备正向导通条件的区域，所加触发脉冲的时刻（α 时刻）为换流阀的导通时刻。换流阀的关断是利用换流变压器阀侧的两相短路电流实现的。以 V1 向 V3 换相为例说明换相的过程。当 V3 导通时换流变压器的 U 相和 V 相则通过 V1 和 V3 形成两相短路。此时 V3 中的电流为两相短路电流，从零开始升高，在 V1 中由于两相短路电流的方向与原 V1 的电流方向相反，流经它的电流为两相短路电流与原电流之差，当两相短路电流等于原电流时，流经它的电流为零，V1 则关断，此时 V3 则流过全部直流电流，换相过程结束。

2. 逆变器原理

6 脉动逆变器原理接线及其电压、电流波形图如图 3-4 和图 3-5 所示。图示逆变器为有源逆变器，即逆变器所需换相电压和电流由所接交流系统提供。

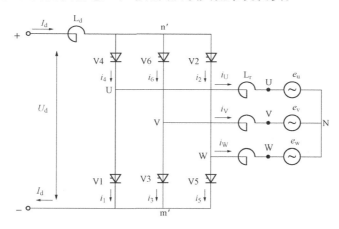

图 3-4　6 脉动逆变器原理接线图

逆变器是由 6 个换流阀所组成的三相桥式接线。逆变器的 6 个阀门 V1～V6，也是按与整流器一样的顺序，借助于换流变压器阀侧绕组的两相短路电流进行换相。6 个换流阀规律性的通断，在一个工频周期内，分别在共阳极组和共阴极组的 3 个阀换流中，将流入逆变器的直流电流，交替的分成三段，分别送入换流变压器的三相绕组，使直流电转变为交流电。由于逆变器是直流输电的受端负荷，它要求直流侧输出的电压为负值。当忽略换流器的内部压降时，在 $\alpha>90°$ 时，直流输出电压为负值。根据换流阀导通条件的要求，换流阀只在 $0°<\alpha<180°$ 的范围内才具有导通条件，因为此时其阳极对阴极的电压为正。在此区间内，当 $\alpha<90°$ 时，直流输出电压为正值，换流器工作在整流工况；$\alpha=90°$，直流输出电压为零，称为零功率工况；当 $\alpha>90°$ 时，直流输出电压为负值，换流器则工作在逆变工况。因此，逆变器的触发角 α 比整流器的滞后很多。在实际运行中，由于有换相电抗的存在，换相有一个过程，换流器有内部压降，直流输出电压为零并不是在 $\alpha=90°$ 时。

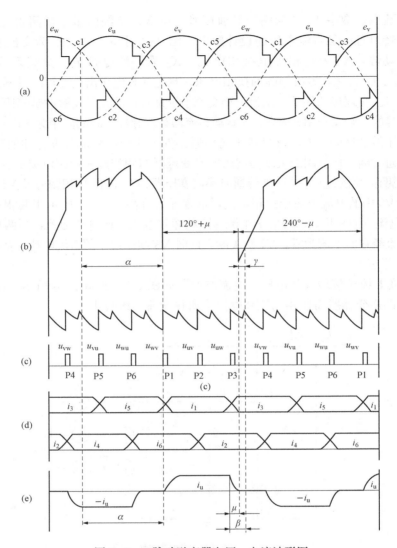

图 3 - 5　6 脉动逆变器电压、电流波形图

（a）交流电动势和直流侧 m′和 n′点对中性点的电压波形；（b）直流电压和阀 1 上的电压波形；
（c）触发脉冲的顺序和相位；（d）阀电流波形；（e）交流侧 A 相电流波形

3.12 脉动换流器原理

12 脉动换流器是由 2 个 6 脉动换流器在直流侧串联而成，原理接线图如图 3 - 6 所示。其交流侧通过换流变压器的网侧绕组而并联。换流变压器的阀侧绕组一个为星形接线，而另一个为三角形接线，从而使两个 6 脉动换流器的交流侧得到相位相差 30°的换相电压。12 脉动换流器可以采用两组双绕组的换流变压器，也可以采用一组三绕组的换流变压器。

12 脉动换流器由 12 个换流阀 V1～V12 组成，在每一个工频周期内有 12 个换流阀轮流导通。它需要 12 个与交流系统同步的按序触发脉冲。脉冲之间的间距为 30°。12 脉动换流器的工作原理与 6 脉动换流器相同，它也是利用交流系统的两相短路电流来进行换相。

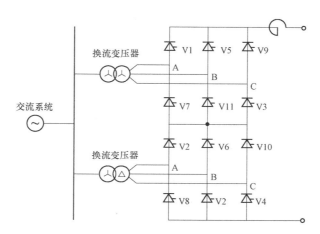

图 3-6　12 脉动换流器原理接线图

课题二　高压直流输电系统结构

直流输电系统结构可分为两端直流输电系统和多端直流输电系统两大类。

一、两端直流输电系统

两端直流输电系统由位于不同地理位置的一个整流站和一个逆变站、连接两站的直流输电线路以及接地极等部分构成（如图 3-7 所示），它与交流系统只有两个连接端口，是结构最简单的直流输电系统。

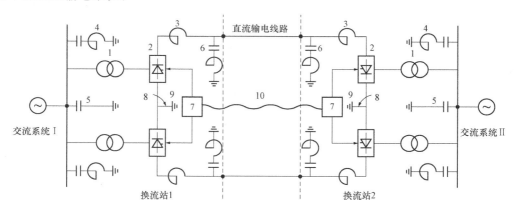

图 3-7　两端直流系统结构原理

1—换流变压器；2—换流器；3—平波电抗器；4—交流滤波器；5—静电电容器；
6—直流滤波器；7—控制保护系统；8—接地极线路；9—接地极；10—远动通信系统

两端直流输电系统可分为单极系统（正极或负极）、双极系统（正、负两极）和背靠背直流系统（无直流输电线路）三种类型。

1. 单极直流输电系统

单极直流输电系统有单极大地回线和单极金属回线两种接线方式，如图 3-8 所示。前者利用大地（或海水）为返回线，输电线路只有一根极导线，后者则由一根高压极导线和一根低压返回线组成；前者要求接地极长期流过直流输电的额定电流，而后者则地中无直流电流，其直流侧接地属于安全接地性质。

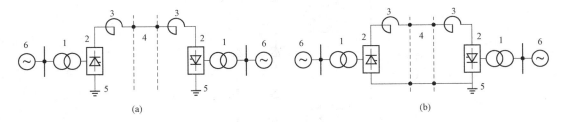

图 3-8　单极直流输电系统接线示意图
(a) 单极大地回线方式；(b) 单极金属回线方式
1—换流变压器；2—换流器；3—平波电抗器；4—直流输电线路；5—接地极系统；6—交流系统

2. 双极直流输电系统

双极直流输电系统大多采用两端中性点接地方式，如图 3-7 所示。它是由两个可独立运行的单极大地回线方式所组成，地中电流为两极电流之差。正常双极对称运行时，地中仅有很小的两极不平衡电流（小于额定电流的 1%）流过；当一极故障停运时，双极系统则自动转为单极大地回线方式运行，可至少输送双极功率的一半，从而提高了输电的可靠性。同时这种接线方式还便于工程分期建设，可先建一极，然后再建另一极。双极系统还有双极一端换流站接地方式以及双极金属中线方式，这两种接线方式工程上很少采用。

3. 背靠背直流系统

如图 3-9 所示，背靠背直流系统是无直流输电线路的两端直流系统，它主要用于两个

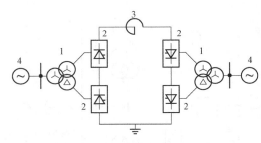

图 3-9　背靠背换流站原理接线图
1—换流变压器；2—换流器；
3—平波电抗器；4—交流系统

非同步运行（不同频率或频率相同但两系统不同步）的交流系统之间的联网或送电。背靠背直流系统的整流和逆变设备通常装设在一个换流站内，也称背靠背换流站，其主要特点是直流侧电压低、电流大，可充分利用大截面晶闸管的通流能力；可省去直流滤波器。背靠背换流站的造价比常规换流站的造价低 15%～20%。

二、多端直流输电系统

多端直流输电系统具有 3 个或更多的换流站，它与交流系统有 3 个或 3 个以上的连接端口，如图 3-10 所示。

多端直流输电可实现多电源直流供电或多落点直流受电，可以用于联系多个不同区域的交流系统或多个孤立运行的电网。多端直流系统中的各换流站既可以作为整流站，也可以作为逆变站，但整流运行的总功率与逆变运行的总功率必须相等，各换流站之间的连接方式可以是并联（并联时，直流线路可以是分支形或闭环形）或串联方式。多端系统各换流站在动态和暂态过程中的功率分配、电流系统的故障处理，以及提高系统可靠性的措施均比较复杂。

世界上运行的直流输电工程大多为两端直流系统，只有少数工程为多端系统。

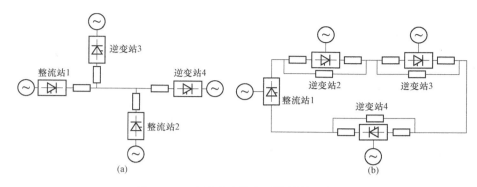

图 3-10 多端直流输电系统接线示意图

（a）并联多端直流系统；（b）串联多端直流系统

课题三 特高压直流输电系统结构及运行

±800kV（1200kV）以上电压的直流输电在绝缘、电晕水平等方面与特高压交流输电大体相当，因此被称为特高压直流输电（UHVDC）。我国特高压直流输电工程采用±800kV特高压直流输电系统。

一、特高压直流输电系统构成及运行接线特点

特高压直流输电系统主要采用两端直流系统。直流系统主回路采用多换流器串联或并联接线。图 3-11 为向家坝—上海±800kV 特高压直流输电工程主回路接线图。图中每端每极采用两组额定运行电压为 400kV 的 12 脉动换流器串联，每个 12 脉动换流器两端通过隔离开关连接直流旁路断路器。

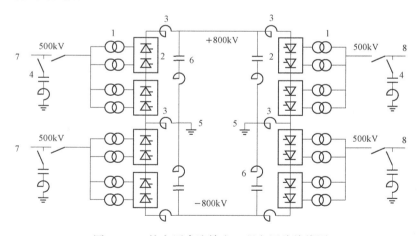

图 3-11 特高压直流输电工程主回路接线图

1—换流变压器；2—换流阀；3—平波电抗器；4—交流滤波器或电容器；5—直流接地极；6—直流滤波器

直流输电系统具有多种运行方式，并且各运行方式间可手动或自动灵活地转换，这是直流系统的重要运行特点之一。直流输电系统运行方式取决于以下因素：直流回路接线方式，直流功率输送方向，直流电压、输送功率和无功控制模式，以及它们的相互组合。

图 3-12　换流器阀厅

图 3-11 所示为每端每极由 2 个直流电压相同的 12 脉动换流器串联构成的系统，每个 12 脉动换流器具有自己单独的阀厅（如图 3-12 所示），采用双重阀结构。每个换流器由一个 12 脉动换流阀和一组相应的换流变压器组成，可以独立运行。因此，每极两端共 4 个 12 脉动换流器，加上大地回线方式和金属回线方式，以及双极不同接线方式组合，双极特高压直流系统将有 45 种不同的运行接线方式。其中：

双极双 12 脉动换流器接线方式 1 种；

双极换流器（一极单换流器、另一极双换流器）不平衡接线方式 8 种；

双极单 12 脉动换流器接线方式 16 种；

单极双 12 脉动换流器大地回线接线方式 4 种；

单极单 12 脉动换流器大地回线接线方式 16 种。

此外，为了增大电流融冰，还可以采用两个高端 12 脉动换流器并联的融冰接线方式。

二、特高压直流系统运行控制模式

1. 双极功率控制模式

双极功率控制模式是该直流输电系统的主要控制模式。如果两个极都处于双极功率控制状态，双极功率控制功能应该为每个极分配相同的电流参考值，以使接地极的电流最小。如果两个极的运行电压相等，则每个极的传输功率是相等的。双极功率控制具有手动功率控制方式和自动功率控制方式两种。

在双极功率控制模式下，如果其中一个极为独立控制模式（极功率独立控制或同步极电流控制），或者是处于应急电流控制模式，则该极的传输功率可以独立改变，双极传输功率由处于双极功率控制状态的另一极来维持。在这种情况下，接地电流允许不平衡，双极功率控制极的功率参考值等于双极功率参考值和独立运行极实际传输功率的差值。

2. 极功率独立控制模式

极功率独立控制模式按每个极单独实现。在这种控制模式下，该极的传输功率保持在按极设置的功率参考值，不受双极功率控制的影响。

3. 同步极电流控制模式

同步极电流控制模式可在每个极单独实现。在同步极电流控制模式下，直流控制系统应把直流电流指令保持在整定值上。逆变端和整流端之间的电流指令配合关系，经由各极的直流远动通信系统自动保持。同步电流参考值只可以手动调整，不需要类似双极功率控制的自动功能。

4. 应急极电流控制模式

应急极电流控制模式是为了当本站与对站间用于交换电流参考值指令的通道发生故障时，直流系统继续运行。如果两个极都处于双极功率控制模式下，则只有两极通信都失去时才应投入应急极电流控制。当一极处于应急极电流控制模式之下时，另外一极的控制性能保持不变。

三、特高压直流系统保护配置

直流系统保护的目的是保证直流系统的安全运行。直流系统保护的范围应覆盖两端换流站的换流变压器网侧与交流开关场相连的交流断路器之间的区域，以及交流滤波器及其引线上的所有设备。直流系统保护对保护区域的所有相关的直流设备进行保护，不存在保护死区。双极中性线和接地极引线是两个极的公共部分，其保护不允许有死区，以保证双极稳定运行。

根据特高压直流工程设备的设计和系统性能要求，特高压直流保护区域包括以下10种。

（1）阀厅区。阀厅区指从换流变压器阀侧套管至高压/低压12脉动换流器阀厅直流侧的直流穿墙套管之间的区域。

（2）脉动桥联母区。12脉动桥联母区域指从高压12脉动桥低压直流穿墙套管至低压12脉动桥高压直流穿墙套管间的区域。

（3）旁路开关区。旁路开关区主要是用于保护旁路开关及其相邻的区域。

（4）直流开关场高压区。直流开关场高压区域指从高压12脉动桥高压直流穿墙套管至直流出线上的直流电流互感器，不包括直流滤波器设备。

（5）极中性母线区。极中性母线区是用于保护从极低压12脉动桥低压直流穿墙套管至极中性线的电流互感器之间的区域。

（6）双极区。双极区是用于保护从两个单极中性线的电流互感器至接地极之间的导线和所有设备的区域。

（7）直流线路区。直流线路区是指两换流站直流出线上的直流电流互感器之间的直流导线和所有设备。

（8）直流滤波器。直流滤波器包括直流滤波器高、低压侧之间的所有设备。

（9）换流变压器区。换流变压器区包括从换流变压器网侧相连的交流断路器至换流变压器阀侧穿墙套管之间的导线及所有设备。

（10）交流滤波器和并联电容器。交流滤波器区包括交流滤波器及其引线上的所有设备。

在直流功率的两个传输方向下，直流系统在满足上述所有运行接线方式和运行控制模式下运行。当直流系统发生故障时，直流系统保护可靠动作，从而保护设备的安全运行。

四、特高压直流输电主要技术特点

与特高压交流输电相比，特高压直流输电还具有以下特点。

（1）特高压直流输电系统中间不落点，可点对点、大功率、远距离直接将电能送往负荷中心。在送受关系明确的情况下，采用特高压直流输电，实现交直流并联输电或非同步联网，电网结构比较松散、清晰。

（2）特高压直流输电可以减少或避免大量过网潮流，按照送受两端运行方式变化而改变潮流。特高压直流输电系统的潮流方向和大小均能方便地进行控制。

（3）特高压直流输电的电压高、输送容量大、线路走廊窄，适合大功率、远距离输电。

（4）在交直流并联输电的情况下，特高压直流输电利用直流有功功率调制，可以有效抑制与其并列的交流线路的功率振荡，包括区域性低频振荡，明显提高交流系统的暂态、动态稳定性能。

（5）大功率直流输电，当发生直流系统闭锁时，两端交流系统将承受大的功率冲击。

（6）基于晶闸管器件的常规直流输电系统，其整流换相过程需要交流电网提供电压支撑，因此送、受端交流系统电气支撑能力的强弱，直接影响直流系统的安全稳定运行。

<h2 style="text-align:center">课题四　特高压交直流混合电网</h2>

特高压交直流混合电网是指在超高压交流电网的基础上采用了1000kV交流和±800kV及以上直流特高压并联同步或异步输电的输电网。

特高压交流与直流输电在特高压电网中的应用是相辅相成和互为补充的。从输送能力来看，1000kV级交流线路输送的自然功率与±800kV级直流输送功率大致相当。从输电距离来看，1000kV级交流输电的经济适用范围为1000～1500km，当输电距离超过1000km时，±800kV级直流输电方案优于交流输电。从电网特点看，特高压交流具有交流电网的基本特征，可以形成坚强的网架结构，理论上其规模和覆盖面是不受限制的，电力传输和交换十分灵活；特高压直流是点对点送电，不能形成网络，必须依附于坚强的交流输电网才能发挥作用，在受端电网直流落点不宜过多。因此，交流特高压定位于更高一级电压等级的网架建设和跨地区送电，±800kV级直流输电定位于部分大水电基地和大煤电基地的远距离、大容量外送上。构建"强交强直"混合电网，交直流相互补充，相互支撑，才能充分发挥各自的功能和优势，保证整个特高压电网的安全、经济运行。

一、特高压直流系统与交流系统的连接方式

随着直流输电系统数量的不断增加，交直流系统之间的相互连接关系越来越复杂，其连接方式包括从形式简单的单回直流输电系统连接两个非同步电网到交直流并联输电、从送端大交流系统输电到送端孤岛输电、从单直流馈入到多直流馈入，甚至有几种方式组合的复杂交直流大系统。交直流系统连接形式的多样化，必然带来系统安全稳定及其控制问题的复杂化。

直流输电系统与交流系统的连接方式主要有以下5种。

（1）单回直流联网输电方式。它指送端电源与交流主网连接并通过直流向另一非同步电网输电。这种输电方式需要考虑直流严重故障对两端电网的影响程度。

（2）单回直流孤岛输电方式。它是指送端电源通过简单的电气连接直接通过直流外送电能。虽然直流送端孤岛系统网架简单，但其系统稳定控制、次同步振荡及抑制措施、过电压及其限制措施、直流孤岛运行方式启动等问题较为突出。

（3）交直流并联输电方式。交直流并联运行的有利之处包括：①增加输电方式，提高系统对不同运行要求的适应性；②在一定条件下，增大交流系统强度和转动惯量，改善系统阻尼；③利用直流快速可控性，可以实现交直流系统相互支援，提高交直流并联系统的输电能力。但要求交流输电网架结构坚强，交流系统能承受直流系统故障后潮流的大规模转移，且故障后系统电压能维持在合理水平。

（4）多直流送出方式。它是指多个直流输电系统的整流站落点相同，且电气距离接近的直流输电方式。这种形式多出现在特大型能源基地，通过多回直流系统集中送出，但其受端系统落点并不相同。这种输电方式在我国西北或西南地区超大型能源基地出现较多。该方式下多个直流系统之间的故障相互影响和协调控制是突出问题。

（5）多直流馈入方式。它是指多回直流系统的逆变站落点相同且电气距离接近的直流输

电方式。这种输电形式较为常见。

除上述接入方式外，实际系统中还有上述几种接入方式的组合方式，如我国西南地区水电送华东地区的多送出、多馈入交直流混联输电方式。

二、交流系统对特高压直流系统的支撑作用

特高压直流输电的输送容量大、输送距离远，其基于晶闸管器件的整流换相过程需要交流电网提供电压支撑。因此，交流电网的支撑能力就是影响直流系统安全稳定运行的关键因素。交流电网的支撑能力主要表现在以下 4 个方面。

（1）直流输电系统的整流器和逆变器需要送、受端交流系统提供换相电压，创造实现换流的条件。

（2）送端交流系统作为直流输电的电源，提供传输功率；而受端交流系统相当于负荷，接受和消纳直流输送功率。所以，送、受端交流系统是直流输电必不可少的组成部分。

（3）只有送端交流系统具有足够的强度，才能一方面为直流系统整流站提供足够的无功功率和电压支撑，另一方面还能承受由直流输电系统故障而带来的有功和无功功率的冲击，也才可以减少由于直流输电系统故障而需要切除的送端发电机组台数。

（4）受端交流系统的强度，直接影响直流输电系统的安全稳定运行。特别是当多回直流输电线路集中落点于受端系统时更是如此。

当交流系统发生严重故障使多个逆变站换相失败时，若受端交流系统具有足够的强度，则当故障清除后，交流系统电压就能迅速恢复，直流系统也能迅速恢复正常。因此，有较强的受端交流系统时，逆变站发生换相失败后，不需要马上实行闭锁保护，如果采取适当的措施，还可以加速这一恢复过程，防止发生继发性换相失败。

反之，若受端交流系统比较弱，发生严重故障后，交流系统电压不能正常恢复，多个逆变站会发生连续换相失败，交流系统运行进一步恶化，系统稳定性被破坏。

因此常规直流系统只能向有稳定电源支撑的电网输电，直流输电系统接入的交流系统强弱和稳定水平与直流系统输电能力的发挥密切相关。直流输电系统输电能力受所联接交流系统的强度制约，具体表现为从换流器投入点处看出去交流系统的等效阻抗大小（其关系着交流系统网架结构的紧密程度）和交流系统的机械惯性（即旋转惯量），它关系着交流系统中的电源支撑能力。

三、特高压直流系统对交流系统稳定性的影响

1. 对电力系统电压稳定的影响

研究表明，在直流调馈入的系统中，无论是远距离直流输电还是背靠背直流输电，在考虑稳定性问题时，最需要关注的就是电压稳定问题。

从本质上讲，电压不稳定是由于电力系统提供的无功功率无法满足负荷需求，或通过远距离无功传输，导致系统电压降低到不可接受的水平。直流系统在换相过程中需要吸收无功功率，在其他条件不变的情况下，直流输电功率越大，吸收无功功率越多，母线电压下降也越大。

在正常运行条件下，直流系统消耗的无功功率主要由换流站内交流滤波器、电容器等无源补偿元件提供。当系统故障时，将产生暂态电压波动，运行条件的变化会引起无功功率补偿出力的变化。这些元件是否能够提供直流系统所需的无功功率将直接影响交直流系统间无功功率的交换。

　　如果交流系统不能支撑直流系统动态无功功率的变化，交流系统会出现电压失稳。由于特高压直流输电功率大且密集馈入负荷中心，对受端系统的无功平衡能力和电压稳定性提出了更高的要求。此外，直流单极或双极闭锁引起功率大幅度转移至交流通道，使得交流系统无功功率消耗大幅增加，进而恶化系统电压稳定水平。因此，在电网规划和运行中，特高压直流系统要尽量馈入较强的受端交流系统，避免过多的直流输电系统密集落点同一地区，并提高交流系统的动态无功支撑能力。

　　2. 对电力系统频率稳定的影响

　　直流系统输电功率较大时，受端交流系统接受单回直流馈入功率占负荷比例将增大。此时，若直流系统换相失败等故障引起输电功率大幅波动，则将对直流送、受端系统产生较大冲击，影响到系统的频率稳定性。

　　直流输送的功率由于与其相连的交流系统的特性而存在上限，该上限与交流系统机械转动惯量常数有关。在交直流并联接入方式下，交流输电系统要有较强的网架结构，具有大功率输送能力，且有较高的稳定裕度。当直流系统发生故障，将转移一定功率至交流输电通道，可以减小送端切机和避免受端损失负荷。但交流线路和变压器就可能因此过负荷，同时交流系统电压因潮流加重而下降，需要维持在合理水平，以保证系统正常运行和直流系统正常换相。当交流线路出现故障后，可利用直流系统功率提升能力和中长期过负荷能力减小受端系统的负荷损失，降低系统频率失稳的可能性。

　　3. 对系统次同步振荡的影响

　　系统运行经验和理论分析表明，直流系统整流站附近存在汽轮发电机组供给时，比逆变站或附近存在水电机组时更易引发次同步振荡问题，特别当直流系统与附近的汽轮发电机组具有相近的额定容量且距离较近时，情况就比较严重。对于直流孤岛输电系统送端电源主要为汽轮发电机时，次同步振荡问题突出，是影响孤岛系统运行的重要问题。IEC推荐采用机组作用系数（UIF）法对交直流系统次同步振荡问题进行初步的定量筛选，其计算公式为

$$UIF = \frac{P_d}{S_G(i)}\left[1 - \frac{S_{SC}(i)}{S_{SC}}\right]^2$$

式中　$S_G(i)$——第 i 台发电机额定容量，MVA；

　　　　$S_{SC}(i)$——不包括第 i 台发电机贡献时的直流整流侧换流母线三相短路容量，MVA；

　　　　S_{SC}——包含所有发电机时的直流整流侧换流母线三相短路容量，MVA。

　　当 UIF 计算结果小于 0.1 时，即认为发生次同步振荡的可能性较小。

　　UIF 法适用于连接在同一母线上的发电机具有不同轴系机械特性参数的情况，即各发电机具有不同的固有扭振频率。对于多台发电机组具有相同轴系参数和固有扭振频率的情况，则须将几台同类型发电机组等效为一台等值机组，才能使用 UIF 法来评估。

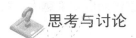 思考与讨论

　　1. 简述直流系统基本构成及其各单元功能。

　　2. 两端直流输电系统有哪几类运行接线方式？

　　3. 单、双极直流系统各有哪几种接线方式？

4. 说明我国特高压直流输电系统的接线特点。

5. 特高压直流系统与交流系统的连接方式有哪几种？各有何特点。

6. 特高压直流系统与交流系统之间有哪些相互影响？

7. 为什么直流系统的安全稳定运行必须有较强的交流系统支撑？

讨论：1. 比较特高压交、直流输电特点；

2. 什么条件适合采用特高压交流输电？什么条件适合采用特高压直流输电？

第四单元

特高压输变电系统过电压及绝缘配合

课题一　特高压交流系统内部过电压

过电压是电力系统在特定条件下所出现的超过工作电压从而可能危害绝缘的异常电压，属于电力系统中的一种电磁扰动现象。电力系统中由于开关操作、系统故障等引起电网内部电磁场能量的转化或传递所造成的电压升高称为内部过电压。内部过电压可分为操作过电压和暂时过电压两大类。内部过电压的大小通常用其幅值与系统最高运行相电压幅值之比表示。

特高压系统线路输送容量大、距离长且自身的无功功率很大，每 100km 的 1000kV 线路无功功率可达 530Mvar，使得在正常运行负荷变化时将给无功调节、电压控制以及故障时单相重合闸潜供电流熄灭等造成一系列困难，在甩负荷时可能导致严重的暂时过电压。同时特高压下长空气间隙绝缘强度的饱和、高海拔和电气设备制造等方面的因素，也给过电压限制提出更高的要求。

因此，采用适当的技术措施限制特高压电网内部过电压达到一定水平是特高压电网绝缘优化配合，降低绝缘成本，保证电网经济、安全、可靠运行的关键。

一、特高压电网工频过电压及其防护

工频过电压常称为工频暂时过电压。工频过电压与电力系统结构、容量、参数、运行方式以及各种安全自动装置的特性有关。工频过电压除了会增大绝缘需要承受的电压外，还对避雷器等过电压保护装置的参数选择有重要影响。

（一）特高压电网工频过电压的特点

在特高压电力系统中，工频过电压有着重要影响。这是因为，工频过电压的大小是决定避雷器额定电压的主要依据，影响整个特高压输电系统的过电压保护水平。特高压电力系统主要考虑合空载线路操作、单相接地故障、两相接地故障和单相接地故障三相甩负荷的工频过电压。由于特高压线路电容大、线路长、电感对电阻的比值大，与超高压输电系统相比，特高压输电系统产生的工频过电压在没有限制措施的情况下幅值更高、持续时间长。在所有引起特高压工频过电压的运行状态中，单相接地故障三相甩负荷的工频过电压最高。在 GB/Z 24842—2009《1000kV 特高压交流输变电工程过电压和绝缘配合》中规定，1000kV 系统工频过电压一般需限制在 1.3p.u. 以下，在单相接地三相甩负荷的情况下线路侧可短时（持续时间不超过 0.5s）允许在 1.4p.u. 以下。

（二）影响工频过电压的主要因素

影响特高压工频过电压幅值的主要因素有以下 4 种。

（1）送、受端电源容量。电源的容量决定了电源的等值阻抗，电源容量越小，等值阻抗

就越大，可能出现的工频过电压也就越高。

（2）线路的长度。由于空载长线路的电容效应，线路越长，线路上产生的电容电流就越大，电容效应越为显著，工频过电压就越高。

（3）甩负荷前线路通过的运行潮流。一般情况下，甩负荷前，若线路上输送相当大的有功功率及感性无功功率，电源电动势必然高于母线电压。甩负荷后，发电机的磁链不能突变，线路上输送的功率越大，电源的暂态电动势也越高，工频过电压也就越高。

（4）发电机组由于其调速器和制动设备的惰性，甩负荷后不能立即起到应有的调速作用，导致发电机加速旋转，使电动势和频率上升，从而使空载线路中的工频过电压更为严重。

总之，由于特高压线路自身的容性无功功率大、输送容量大，加之我国单段特高压线路大多较长，其工频过电压问题可能较严重。如不采取措施或措施不当，将会影响特高压系统的安全运行。

（三）限制工频过电压的措施

根据工频过电压产生的原因及其影响因素，限制工频过电压的主要技术措施主要有以下5方面。

（1）长线路中间设开关站或变电站，将长线路分为较短线路。线路上的电容电流随长度增加而增大。将长线路分为短线路可使每段线路操作时产生的电容电流变化和线路串联电感的电压升作用减小。根据电源端的容量和等效阻抗大小，长线路一般按 300～450km 分段。

（2）并联高压电抗器。并联电抗器的电感能够补偿线路的对地电容，减小流经线路的容性电流，削弱电容效应，从而明显减少工频过电压幅值，因此并联高压电抗器是限制工频过电压的主要技术措施。

（3）使用可控或可调节高压电抗器。普通的固定电抗并联电抗器会给正常运行时的无功补偿和电压控制造成相当大的问题，甚至影响线路的输送容量。线路两端使用可控并联电抗器则可解决限制工频过电压、电压无功调节和系统稳定等三个方面对电抗器的要求，消除普通固定电抗并联电抗器带来的负面影响。

（4）使用金属氧化物避雷器。避雷器可限制短时高幅值工频过电压，但这会对避雷器有很高要求，仅在特殊情况下考虑采用。

（5）电网的合理运行方式。工频过电压的高低与系统结构及运行方式密切相关。线路空载合闸时，应选择在电源侧调节容量较大的情况下进行操作。特高压电网运行时，应避免线路单端跳闸，选用合适的继电保护和过电压保护实现线路两端联动跳闸，可减少线路跳闸工频过电压。

（四）晋东南—南阳—荆门线工频暂时过电压防护

下面结合我国 1000kV 特高压输电示范试验工程（晋东南—南阳—荆门输电线路），简单介绍特高压电网工频过电压的限制措施。

限制特高压线路工频暂时过电压的主要措施是线路装设高压并联电抗器。线路接入高压并联电抗器后，可以补偿输电线路的容性充电电流，在特高压线路轻载运行或空载时，削弱线路末端电容效应引起的电压升高，限制了工频过电压。

晋东南—南阳—荆门线系统接线如图 4-1 所示，其高压电抗器配置推荐方案见表4-1。

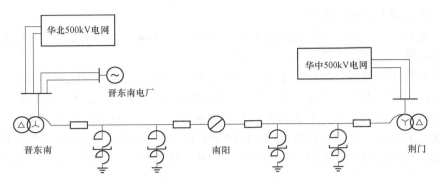

图 4-1   晋东南—南阳—荆门线系统接线

表 4-1   **高压电抗器配置推荐方案**

线路名称	晋南线		南荆线	
高压电抗器位置	晋侧	南侧	南侧	荆侧
高压电抗器容量（Mvar）	960	720	720	600

若此线路全线无并联高压电抗器，补偿度为零，则工频暂时过电压可达 2p.u. 以上。（未考虑高压电抗器和变压器的非线性饱和特性，也未考虑避雷器的限制作用）实际上，即使是在既无接地故障，又无分闸的正常运行条件下，该线路的沿线电压也已经超过允许的最高运行电压，这是无法运行的。在线路上装设高压并联电抗器后，补偿度为 87.8% 时（晋东南—南阳—荆门特高压线路采用的补偿度），线路最大工频过电压可降至 1.36p.u.。

我国 1000kV 特高压输电示范试验工程最大工频暂时过电压母线侧为 1.3p.u.，线路侧为 1.4p.u.，与 500kV 电网的最大工频暂时过电压值相同。

同时为了缩短工频暂时过电压持续时间，要求线路两侧断路器联动。当一侧断路器分闸时，另一侧断路器也几乎同时接到分闸指令，随之快速分闸。两侧断路器分闸的最大时延控制在 0.1s 以内，以减小工频暂时过电压的持续时间。在校核避雷器（MOA）的吸收能量时，考虑后备保护动作时间，工频暂时过电压的最大持续时间以 0.5s 计。

缩短工频暂时过电压持续时间至 0.5s，是对特高压线路工频暂时过电压的一个特定的要求，所采用的线路两侧断路器联动方法较简单也较易实现。

二、特高压电网操作过电压及其防护

（一）特高压电网操作过电压的类型

特高压线路的操作过电压，同超高压电网一样，是由开关操作或电网故障引起的暂态过渡过程过电压。按起因分类，特高压电网操作过电压包括以下 3 种。

（1）合闸过电压。特高压系统中主要考虑空载线路合闸过电压和单相重合闸过电压。

（2）分闸过电压。它主要包括单相接地故障后甩负荷过电压、三相无故障甩负荷过电压，以及在故障清除时在健全相和相邻线路上引起的较大的故障清除分闸过电压。

（3）接地故障过电压。它主要指线路上发生接地故障（故障相两侧断路器还未断开）时产生的瞬态过电压，包括单相和两相接地故障过电压，以单相接地故障过电压较为常见。

（二）特高压电网操作过电压的特点

1000kV 线路沿线最大相对地统计操作过电压一般不宜大于 1.7p. u.，变电站最大相对地统计操作过电压一般不宜大于 1.6p. u.，最大相间统计操作过电压一般不宜大于 2.9p. u.。其中，统计操作过电压是指 2% 的过电压高于最大值的过电压数值，其基准值为 $1100 \times \sqrt{2}/\sqrt{3}$kV。在个别情况下，操作过电压大于上述数值时，应根据其出现的概率及可能产生的后果具体分析。

（三）限制操作过电压的措施

根据特高压操作过电压产生原因及统计特点，其限制措施主要有以下 3 种。

（1）利用中间开关站，将长线路分成较短线路。

（2）金属氧化物避雷器（MOA）。在线路首、末端（线路断路器的线路侧）安装 MOA，已成为限制操作过电压的主要手段之一。

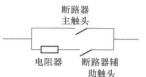

（3）断路器合闸电阻，限制合闸过电压。如图 4-2 给出了带并联合闸电阻的断路器电路示意图。合闸时，先合辅助触头，接入合闸电阻。经过 8～11ms，合上主触头，退出合闸电阻。合闸电阻接入和退出（合闸电阻短路）两个过程都会产生过电压。在接入时，合闸电阻越大过电压越低；在退出时，合闸电阻越大过电压越高。在这两个过程中，合闸电阻阻值对过电压的影响是相反的。

图 4-2　带并联合闸电阻的断路器电路示意图

合空载线路过电压和合闸电阻的关系见表 4-2。合闸电阻从 300～700Ω 变化，合空载线路时沿线最大 2% 过电压有变化，但变化很小。

表 4-2　　　　　　　　　合空载线路过电压和合闸电阻的关系

	合闸侧	合闸电阻（Ω）				
		300	400	500	600	700
合晋南线过电压（p. u.）	南阳	1.65	1.64	1.65	1.66	1.66
合南荆线过电压（p. u.）	南阳		1.60	1.60	1.61	
合闸电阻的允许能量（MJ）		69.9	52.4	41.9	35.0	30.0

表 4-2 中断路器合闸电阻的允许能量要求值 E 一般按式（4-1）计算。

$$E = \frac{U^2}{R}t \tag{4-1}$$

式中　U——断口最大电压，单位 kV，考虑反相合闸的可能性，U 取 2 倍相地工作电压；

　　　R——合闸电阻值，Ω；

　　　t——合闸电阻接入时间，单位为 ms，考虑分散性，t 可取为 13ms。

若断路器需要分闸电阻，则应把合闸电阻和分闸电阻综合考虑来确定阻值。

由表 4-2 可看出，合闸电阻值对合闸过电压有影响，但在 300～700Ω 区间时，其影响不大。综合考虑，合闸电阻可选为 400～600Ω，以 600Ω 较合适。

对于晋东南—南阳—荆门线路，沿线最大的 2% 过电压为 1.66p. u.，变电站母线侧为 1.52p. u.。合空载线路变电站母线侧相间最大过电压小于 2.9p. u.，它是对晋东南—南阳—荆门线路的绝缘配合起决定性作用的过电压类型。

（4）分闸电阻，限制分闸过电压。通常，只用线路两端 MOA 即可将分闸过电压限制在要求水平之下，考虑到断路器分闸电阻所需的能量较大（如断路器分闸电阻取 600Ω，其能耗可高达 193MJ），多数情况下可不采用。

在我国特高压变电站，大多采用气体绝缘金属封闭开关设备（GIS），在 GIS 中的隔离开关，由于其动触头移动速度较慢，在分合闸时会在触头间发生多次预击穿或重击穿，产生特快速暂态过电压（VFTO）。

隔离开关串联（分合闸）阻尼电阻，对 VFTO 有十分明显的限制作用。隔离开关串入阻尼电阻的工作原理见本书第五单元课题二。电阻接入时间只要几十微秒，即可起到限制作用。分合闸电阻值可共用一个电阻，电阻值可取 100～1000Ω。

表 4-3 给出了隔离开关分闸电阻接入时间与过电压、分合闸电阻能量的关系。由表 4-3 可看出，接入时间 5μs 与接入时间 1000μs 比较，VFTO 过电压幅值只差 6%；电阻能量只差 2%。接入时间再增加，VFTO 过电压和分合闸电阻能量几乎不再变化。每次重击穿分合闸电阻最小接入时间可以 1000μs 计。

综合分合闸电阻值变化对 VFTO、电阻上的电压和电阻吸收能量的关系，推荐分合闸电阻为 500Ω。

表 4-3　　隔离开关分闸电阻接入时间与过电压、分合闸电阻能量的关系

电阻接入时间（μs）	过电压（kV）	电阻能量（J）
5	1070	980
10	1026	989
30	1008	996
50	1008	998
100	1008	999
500	1008	1000
1000	1008	1001

（5）利用智能断路器控制合闸相角，使合闸时间控制在电压过零点附近，限制合闸过电压。

（6）电网合理运行方式。晋东南—南阳—荆门 1000kV 输电线路内过电压归纳见表4-4。

表 4-4　　晋东南—南阳—荆门 1000kV 输电线路内过电压归纳

过电压类型			线路	变电站母线
工频暂时过电压（p.u.）			1.38	1.27
操作过电压（p.u.）	合空载线路过电压		1.66	1.52
	单相重合闸过电压		1.61	1.52
	接地故障过电压		1.47	1.45
	切除短路故障分闸过电压	单相接地	1.66（1.37）	1.52（1.36）
		两相接地	1.76（1.50）	1.54（1.42）
		三相接地	1.79（1.51）	1.56（1.41）
	单相接地三相分闸过电压		1.55（1.53）	1.55（1.53）

注　在操作过电压数据中，括号外和括号内的值分别代表无分闸电阻和有分闸电阻（700Ω）的条件下的过电压。

三、潜供电流

（一）潜供电流及其恢复电压

我国超、特高压输电线路一般都采用单相重合闸，以提高电力系统运行的稳定水平。为了提高单相重合闸的成功率，应注意重合闸过程中的潜供电流及其恢复电压问题。

如图 4-3 所示，当线路发生单相（A 相）接地故障时，故障相两端断路器跳闸后，其他两相（B、C 相）仍在运行，且保持工作电压。由于相间电容 C_{12} 和相间互感 M 的作用，接地故障点电弧弧道中仍然会流过一定的感应电流 $\dot{I}$，电弧还可维持一个短暂时间，此电流即潜供电流，其电弧称为潜供电弧，此电弧熄灭后弧道两端的电压称为恢复电压。

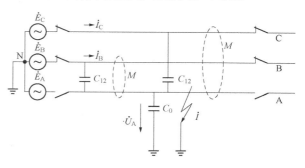

图 4-3 潜供电流示意图

潜供电流包括容性分量和感性分量。容性分量是指健全相电压通过相间电容向接地故障点提供的电流。感性分量是健全相电流经相间互感在故障相上产生感应电动势，经过由故障相的对地电容、高压并联电抗器和故障点之间构成的回路，向故障点提供的电流。在大部分无补偿情况下，电容分量起主要作用。当潜供电弧熄灭后，在原电弧通道间出现恢复电压，可能造成电弧重燃，这增加了故障点自动熄弧的困难，可能导致自动重合闸失败。

（二）潜供电流限制措施

特高压线路的潜供电流大，恢复电压高，潜供电弧难以自熄灭，可能影响单相重合闸的无电流间歇时间和重合闸成功概率，故需研究限制潜供电流和加快潜供电弧熄灭的措施，以提高特高压线路的单相重合闸成功率。

采用并联高压电抗器中性点小电抗和使用快速接地开关（High Speed Grounding Switcher，HSGS）是限制潜供电流和降低恢复电压的有效措施。

1. 在装有并联高压电抗器的线路加装小电抗

如图 4-4（a）所示为并联高压电抗器中性点小电抗支路（又称四电抗支路），图 4-4（b）所示为其等效电抗图。中性点小电抗的作用，相当于加装了相间电抗，接近完全补偿相间电容，使相间电抗大大增加，从而减小了相间电容耦合，显著减小潜供电流的容性分量。按照完全补偿相间电容的原则来选择小电抗值，可把潜供电流的容性分量减至最小。

并联高压电抗器补偿了相对地电容，增加了线路对地阻抗，也可以减小潜供电流的感性分量。

适当选择小电抗，使相间接近全补偿，这样既减小了潜供电流，也可降低恢复电压。

2. 安装快速接地开关（HSGS）

如图 4-5 给出了安装快速接地开关（HSGS）示意图，这种方法的工作原理是为故障点潜供电流提供转移通道。在故障相线路两侧开关跳开后，先快速合上故障线路两侧的 HSGS，将接地点的潜供电流转移到电阻很小的两侧闭合的接地开关上，以促使接地点潜供电流熄灭；然后打开 HSGS，利用开关的灭弧能力将其电弧强迫熄灭；最后再重合故障相线路。

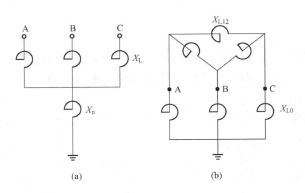

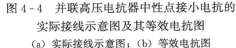

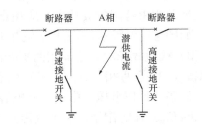

图 4-4　并联高压电抗器中性点接小电抗的　　　图 4-5　安装快速接地开关示意图
实际接线示意图及其等效电抗图
(a) 实际接线示意图；(b) 等效电抗图

　　潜供电弧及时顺利熄灭是采用单相重合闸的必要条件，特高压线路单相重合闸的无电流间歇时间取决于线路潜供电弧燃弧时间。

　　能否使特高压线路的潜供电弧快速熄灭和能否成功实施单相重合闸是与保证特高压系统稳定安全运行密切相关的。

　　特高压输电线路运行电压高、线路长，潜供电流会增大，恢复电压会很高，电弧熄灭时间会很长，这个问题是存在的。

　　实际上，线路的相间电容决定于线路导线尺寸和导线布置排列。特高压线路的导线分裂数增多，一般为 8 分裂至 10 分裂，分裂导线直径较大，这会导致相间电容增大。但另一方面特高压线路相间距离也增大，它又使相间电容减小。两者的作用互相抵消，因此特高压线路的相间电容不会显著增大。

　　特高压线路故障相上的恢复电压绝对值会增大，但特高压线路的绝缘子串长度和相应的绝缘间隙距离也增大，因此潜供电弧弧道上的恢复电压梯度并不会显著增大。

　　当然，如果不采取任何措施，特高压线路的潜供电弧燃烧持续时间会较长。但只要采取有效的限制措施，潜供电弧燃烧持续时间是可以显著减小的。

　　我国在 500kV 线路上采用高压电抗器中性点小电抗的方法已有丰富的经验，研究表明，我国特高压线路（单回线路）上仍然可采用此方法，从而有效限制特高压线路的潜供电流，无须采用 HSGS。

　　在日本，由于已建设的特高压线路较短，均没有安装高压并联电抗器，因此也就不可能采用中性点小电抗。同时，日本特高压线路不换位，采用小电抗的效果也不会好。所以，日本采用了 HSGS 来限制潜供电弧燃烧持续时间。

　　我国的特高压线路是换位的，且装有并联电抗器，与日本 1000kV 线路、韩国 750kV 线路不同，HSGS 是否适合我国的特高压线路尚需进一步研究。

　　我国晋东南—南阳—荆门 1000kV 输电线路（单回线路）上，最大潜供电流为 12A，最大恢复电压为 41kV。绝缘间隙长度以 9m 计，相应的恢复电压梯度为 4.6kV/m。若沿用我国试验所得的线路潜供电弧自灭时间的研究结果，此潜供电流和恢复电压均不大，可以在 1s 以内单相重合闸，而不需要采用高速接地开关。

　　单回线路采用完全补偿相间电容的原则来选择高抗中性点小电抗，而同塔双回线路需采用试探法来选择高抗中性点小电抗。

　　淮南—皖南—浙北—上海线 1000kV 同塔双回线路单相接地故障时，最大潜供电流约为 17A，最大恢复电压约为 55kV。线路绝缘空气间隙长度以 6.7m 计，相应的恢复电压梯度为 8.2kV/m。此潜供电流和恢复电压均不大，可以在 1s 以内单相重合闸，而不需要采用快速接地开关。

　　需注意，同塔双回线路的双回两相同名相或异名相故障时的潜供电流和恢复电压明显大于单相接地故障时的潜供电流和恢复电压，其潜供电流可达 65A，恢复电压可达 216kV。但是线路发生双回同名相或异名相故障的概率极低，几乎是不可能的。我国 500kV 同塔双回线路运行已有近 20 年的历史，至今未发生过因雷击而引起双回同名相或异名相故障。特高压同塔双回线路发生双回同名相或异名相故障的概率就更小，几乎不存在。如果此状态下的潜供电流可以不考虑，那么就不需要采用快速接地开关。特高压同塔双回线路潜供电流问题目前还在继续研究中。

课题二　特高压直流系统内部过电压

一、直流系统内部过电压概述

　　直流输电系统的内部过电压分为操作过电压、暂时过电压和陡波过电压等类型，其主要由换流站两侧的交直流系统各种故障或操作引起，因此按起因不同又可分为：①由交流网络操作或故障引起的交流侧暂时过电压和操作过电压；②由换流站交流侧及直流侧的操作或故障引起的直流侧暂时过电压和操作过电压；③由换流变压器阀侧或换流器故障引起的陡波过电压。

　　直流系统内部过电压幅值、波形和持续时间除与操作（故障）的种类有关外，还与直流系统结构、避雷器的配置方式、保护水平、直流控制保护、直流输送功率等因素有关，且直流系统控制保护动作时序对内过电压影响较大。

　　对于一个完整单极采用多个 12 脉动换流器串联结构的特高压直流输电系统，内部过电压可能成为影响设备绝缘水平的主要因素。长空气间隙绝缘性能的饱和特性、高海拔和电气设备制造等因素的影响，对特高压直流系统的过电压限制及保护措施提出了更高要求。

　　（一）暂时过电压

　　暂时过电压是指持续时间为数个到数百个周期的过电压。这种过电压直接作用在设备上，尤其是金属氧化物避雷器（MOA）上，使 MOA 能量要求上升，并且还作为其他故障存在的起始条件，使操作过电压上升。换流站暂时过电压分为交流侧暂时过电压和直流侧暂时过电压两种。

　　（1）换流站交流侧暂时过电压。最典型的暂时过电压发生在换流站交流母线上，直接影响交流母线 MOA，并通过换流变压器传至阀侧，影响阀侧 MOA。换流站交流母线上产生的暂时过电压主要有甩负荷过电压、变压器投入时引起的过电压等。

　　（2）换流站直流侧暂时过电压。直流侧暂时过电压主要有从交流侧传来的暂时过电压和换流器故障所引起的过电压。直流系统运行时因各种原因在换流站交流母线上产生的暂时过电压，将通过换流变压器传至直流侧，使阀侧 MOA 积累较大的能量。换流器丢失脉冲、换相失败等故障均能引起交流基波电压侵入直流侧。

（二）操作过电压

操作过电压是指波头为 $30\sim1000\mu s$ 或更长的过电压波。直流输电系统的操作过电压与交流系统的情况有所差别，其产生原因、发展机理、幅值、波形各不相同。

1. 换流站交流侧操作过电压

交流侧的操作过电压是由交流侧操作或故障所引起，除影响交流母线设备绝缘水平和交流侧 MOA 能量外，还可通过换流变压器传至换流阀，成为阀内故障的初始条件。引起交流侧操作过电压的原因可能有对地故障时线路合闸和重合闸、投入和重新投入交流滤波器/并联电容器、逆变站失去全部或大部分交流出线等。

2. 换流站直流侧操作过电压

直流侧的操作过电压主要有从交流侧传来的操作过电压和换流器内部故障所引起的过电压。交流侧操作过电压可以通过换流变压器传到换流器，由于交流母线 MOA 的保护作用，传到直流侧的过电压通常不对直流设备产生过大的应力。在换流器内部发生短路故障时，由于直流滤波电容器的放电和交流电流的涌入，通常会在换流器本身和直流中性点等设备上产生操作过电压。

3. 直流输电线路的操作过电压

直流输电系统双极线路的两根导线之间有静电与电磁联系，双极运行时一极发生对地短路，将在健全极上产生操作过电压，它将沿线路传入换流站的直流开关场。因此，这种操作过电压除影响直流线路塔头设计外，还影响两端换流站直流开关场的过电压保护和绝缘配合。过电压的幅值除与线路参数相关外，还受两侧电路阻抗的影响。

（三）陡波过电压

陡坡过电压通常是指电压上升率达到 $1200kV/\mu s$ 的过电压。当处于高电位的换流变压器阀侧出口与换流阀之间对地短路时，换流器杂散电容上的极对地电压将直接作用在换流阀上，对其产生陡波过电压。其次，当两个或多个换流器串联时，如果某一换流器的全部换流阀都导通或误投旁通对，剩下未导通的换流器将耐受全部极对地电压，此时将造成陡坡过电压。

二、直流输电系统内过电压的限制措施

高压直流输电系统与其他所有电气系统一样，需要装设 MOA 等过电压保护装置，对过电压进行限制，对设备提供保护，从而达到提高电力系统可靠性，降低设备成本的目的。

（一）换流站装设 MOA

通过在换流站安装 MOA，可以限制作用在电气设备上的过电压。特高压直流系统的额定运行电压远高于超高压直流系统，故特高压换流站电气设备的绝缘水平要比超高压更高。特高压直流换流站和超高压一样，过电压保护全部采用 MOA，因此其配置方式及参数对特高压直流输电工程的绝缘配合和工程造价起着非常重要的作用。

MOA 布置的原则是：①交流侧产生的过电压由交流侧的 MOA 限制；②直流侧产生的过电压由直流侧的 MOA 限制；③重点保护设备由紧靠它的 MOA 直接保护。一般由保护其他设备的几种类型 MOA 串联来实现换流变压器阀侧绕组的保护。最高电位的换流变压器阀侧绕组可由紧靠它的 MOA 直接保护。

在特高压直流换流站中，MOA 的种类较多，配置较复杂。MOA 的布置方式和安装位置是根据主要电气设备的布置方式及其过电压保护的需要确定的，根据安装位置和保护对象可分为交流 MOA、换流器 MOA、直流极线 MOA、中性母线 MOA 和直流滤波器 MOA

等。因此，在保证设备足够安全的基础上应尽可能简化 MOA 配置。有关特高压直流换流站中 MOA 的特点、结构和种类等内容，可参看本书第五单元课题四介绍。

（二）晶闸管配备保护性触发功能

晶闸管正向保护性触发和阀 MOA 构成阀的过电压保护。当阀承受高于阀 MOA 保护水平的快波头和陡波头过电压时，阀组内串联的晶闸管会因严重的非线性电压分布导致个别晶闸管击穿，通过配置保护性触发功能可使晶闸管免受正向过电压而损坏。

选择保护触发水平的原则是清除交流系统故障时不引起逆变站的阀保护性触发功能，因此应以故障中 MOA 上的保护水平为选择保护触发水平的基础。

（三）使用合/分闸电阻或选相合闸装置

使用合/分闸电阻或选相合闸装置也可抑制特高压直流输电系统的操作过电压；换流变压器的断路器通常配有合闸电阻以限制合闸涌流和防止交流系统产生谐波谐振过电压，避免合闸时产生的谐波电流注入交流滤波器而导致低压侧内部元件过负荷；交流滤波器组和电容器组的断路器配有选相合闸装置限制合闸涌流，以降低投切操作对系统的扰动。

（四）装设阻尼装置

直流输电系统所产生的振荡型过电压均可采用阻尼回路来降低其幅值。如在换流阀关断时所产生的振荡过电压，可采用并联阻尼回路来降低其振荡频率和幅值。另外，特高压直流工程由于线路距离较长，其自身谐振频率接近工频或两倍工频，可以通过装设阻波器抑制谐振过电压。

（五）控制系统抑制过电压的措施

控制系统中采用的抑制过电压的措施有以下 4 种。

（1）利用换流站的快速无功功率控制可限制换流站交流母线暂时过电压。控制策略应按照最少投切滤波器原则限制工频过电压持续时间，以利于交直流系统的故障恢复，保护换流站设备故障后能快速恢复传输直流功率。

（2）控制系统对直流回路所产生的谐振过电压提供正阻尼。

（3）整流站或逆变站上或下 12 脉动换流单元投入操作，需断开并联在其两端的旁路断路器。因旁路断路器不能切断直流运行电流，共分闸操作需与控制程序相互配合。

（4）采用移相、闭锁和投旁通对等措施防止直流系统停运时产生过电压。

课题三　特高压输变电系统防雷保护

特高压输电线路分布区域广，绵延数百乃至上千公里，有些线段处于地形气象条件复杂的地区，同时高度较高和宽度较大，更易受到雷电过电压的侵害。一方面特高压输电线路遭到雷击后，可能导致线路直接跳闸；另一方面线路落雷后沿线传入的侵入波可能威胁变电站内的电气设备安全，是造成变电站事故的重要因素。因此加强输电线路的防雷保护是保证特高压系统供电可靠性的重要环节。

一、特高压线路雷击特点

国内外高压、超高压线路运行经验表明，雷害是造成线路故障的主要原因之一。1000kV 特高压交流输电线路杆塔的高度和宽度均较超高压输电线路增加较多，因此线路遭雷击的概率也会增加，防雷将是 1000kV 特高压交流线路故障防治的重点之一。特高压输电线路的绝缘水平很高，使得雷击避雷线或塔顶而发生反击闪络的可能性降低，而杆塔高度的增加则使绕击较易发生。

苏联 1150kV 特高压线路的运行经验也反映了这一点。在苏联 1150kV 线路的防雷设计中，反击耐雷水平高达 250kA，在 1989 年和 1990 年，苏联 1150kV 线路雷击跳闸率为 0.3 次/（100km·a）和 0.4 次/（100km·a），主要是由绕击引起的跳闸。

我国的单回 1000kV 线路，在塔型、导线排列方式不同的情况下，反击跳闸率均很低，在其 0.0045 次/（100km·a）以下，只占预期雷击跳闸率的 4.7%。在绕击情况下，猫头塔的绕击跳闸率低于酒杯塔的绕击跳闸率，I 串的绕击跳闸率低于 V 串的绕击跳闸率，且地面倾斜角对绕击跳闸率有很大影响。

同塔双回 1000kV 线路采用平衡高绝缘方式，其折合至单回线的雷电反击跳闸率为 0.00456～0.006 57 次/（100km·a），远低于预期的雷电跳闸率，占总的雷击跳闸率的比例也很小。由于同塔双回线路杆塔较高，其大地屏蔽效应要比一般的单回路相对弱一些，在相同的保护角下，其绕击跳闸率要高一些。在地面倾斜角 $\theta \leqslant 10°$ 地区，绕击跳闸率也达 0.13～0.14 次/（100km·a），高于预期的雷电跳闸率。

因此，特高压输电线路的雷击特点为：①线路绝缘水平很高，雷击避雷线或塔顶而发生反击闪络的可能性较低；②特高压线路杆塔较高，较易发生绕击。

二、特高压线路雷电性能参数及其影响因素

对于特高压交流输电线路，考虑到绝缘水平的提高和线路的重要性，其预期雷击跳闸率应低于 500kV 线路的雷击跳闸率，可按后者的 70% 左右来考虑，即大约 0.1 次/（100km·a）。

（一）线路反击跳闸率

绝缘子串上电压随着雷电流增大而增大，当绝缘子串上电压超过其 50% 冲击放电电压时，绝缘子串就会发生逆闪络（反击），可能造成线路跳闸，即为反击跳闸。

考虑雷电流波形、杆塔波阻抗和波速、感应电压和工频电压、空气间隙闪络判据等各方面的影响因素，采用如图 4-6 和图 4-7 所示塔型对 1000kV 单回线路进行分析，可得到表 4-5 所列出的单回线路反击跳闸率。

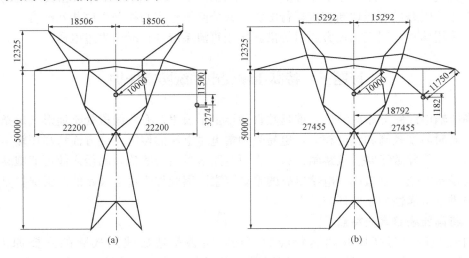

(a)   (b)

图 4-6 酒杯塔

(a) 1000kV "IVI" 水平排列；(b) 1000kV "VVV" 水平排列

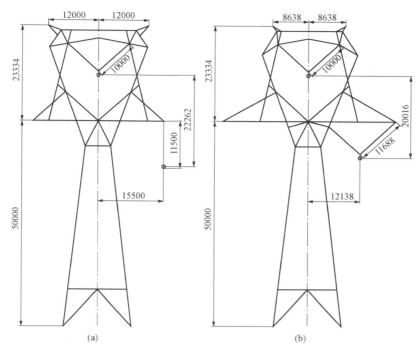

图 4-7　猫头塔

(a) 1000kV "IVI" 三角排列；(b) 1000kV "VVV" 三角排列

表 4-5　　　　　　　　　　　　　　单回线路反击跳闸率

塔型	计算方法	地线数（根）	反击跳闸率 [次/(100km·a)]
水平排列 酒杯塔	相交法	2	0.00443
	先导法	2	0.00328
		3	0.00306
三角排列 猫头塔	相交法	2	0.00399
	先导法	2	0.00214
		3	0

对于同塔双回线路，考虑反击跳闸率时所用到的塔型有鼓型塔 [如图 4-8 (a) 所示]
和伞型塔 [图 4-8 (b) 所示]。

同塔双回 1000kV 线路采用平衡高绝缘方式，其折合至单回线的雷电反击跳闸率远低于
预期的雷电跳闸率，占总的雷击跳闸率的比例也很小。

（二）线路绕击跳闸率

雷电绕击是指雷电绕过避雷线直击相导线，主要发生在改变线路方向的转角塔上。电气
几何模型（EGM）最早出现于 20 世纪 60 年代，是分析绕击跳闸率的方法之一，此模型中
考虑雷电流幅值是由雷云向地面发展的先导通道头部到达被击物体的临界击穿距离（击距）

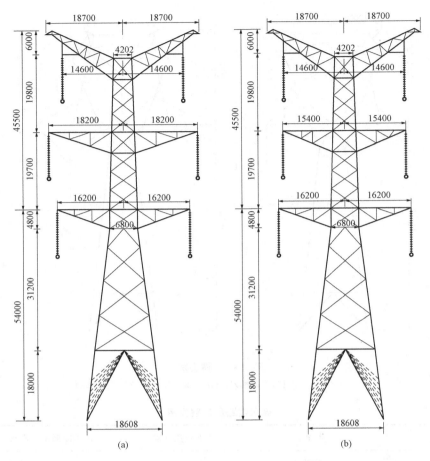

图 4 - 8　交流双回线路塔型

（a）1000kV 鼓型；（b）1000kV 伞型

r_s 的函数，在先导头部到达击距之前，击中点是不确定的。

电气几何模型法用于分析平原地区架空线路的绕击耐雷性能是合适的，对于山区和地形复杂的区域，需要探讨更符合实际情况的分析方法。

雷电绕击线路的电气几何模型（EGM）如图 4 - 9 所示。若雷电先导头部落入 AB 弧面，放电将击向避雷线，使导线得到保护，称 AB 为保护弧。若先导头部落入 BD 弧面，则击中导线，即避雷线的屏蔽保护失效而发生绕击，称 BD 为暴露弧。若先导头部落入 DE 平面，则击中大地，故称 DE 平面为大地捕雷面。随着雷电流幅值增大，暴露弧 BD 逐渐缩小，当雷电流增大到 I_{max}（可击中导线的最大绕击电流）时 BD 缩小为零，即不再发生绕击。

并非所有的绕击都会引起绝缘的闪络，只有当雷电流在导线上引起的电压与工作电压瞬时值之和大于绝缘放电电压时才会闪络。

图 4 - 10 给出了在雷电流不同时可能发生绕击的概率。图 4 - 11 给出了在雷电流为 20kA 时随避雷线保护角变化绕击概率的变化。

显然从图 4 - 10 和图 4 - 11 的雷电先导发展方向，分别可以看出雷电绕击导线的概率随雷电流幅值增大而降低，随避雷线保护角减小而降低。

三、特高压交流输电线路防雷保护

（一）特高压线路雷电反击防护措施

特高压线路的雷击跳闸故障将主要由绕击造成，但并不能完全忽视由雷电引起的反击，一是高幅值雷电仍有发生概率，二是有多种影响因素可造成反击耐雷水平下降，因此仍需采用必要的反击防护措施。超高压线路中常用的多种防护措施也适用于特高压线路，这些措施主要有降低杆塔的接地电阻、架设耦合地线防止绝缘水平下降。

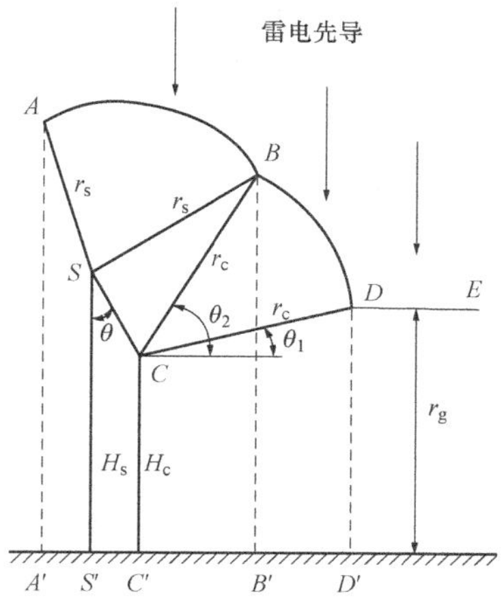

（二）特高压线路雷电绕击防护措施

1. 减小保护角

避雷线是线路中普遍采用的最基本的防雷保护装置。避雷线保护范围用保护角表示，且随线路呈带状分布。

图 4-9　雷电绕击线路的电气
几何模型（EGM）

注：图中 r_c 为雷电先导对导线击距，H_c 为导线悬挂总高度，H_s 为避雷线悬挂高度，r_g 为地面的击距。

（1）对 1000kV 单回线路进行分析。选用图 4-6 和图 4-7 中边相 I 串塔型，使用电气几何模型法可得到表 4-6 和表 4-7 中的绕击概率。

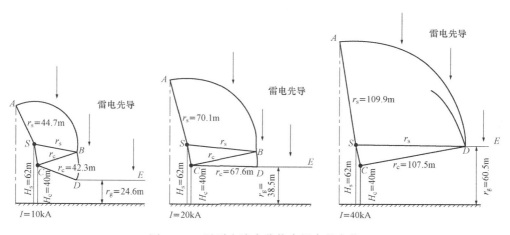

图 4-10　随雷电流变化绕击概率的变化

由表 4-6 和表 4-7 可得出，地面倾斜角和地线保护角均对绕击跳闸率有明显影响。特高压线路地线保护角的选择可依据沿线地形和地面倾斜角的变化而有所区分。如果全线地面倾斜角 θ 都在 20° 以下，无论是酒杯塔还是猫头塔，地线保护角小于 5°，其绕击跳闸率均较小，在 0.06 次/（100km·a）以下，能满足预期的雷击跳闸率的要求。如果全线地面倾斜角 θ 达 30°，地线保护角小于 5°，则绕击跳闸率高达 0.4 次/（100km·a（酒杯塔）和 0.7 次/（100km·a）（猫头塔），高于预期雷击跳闸率。

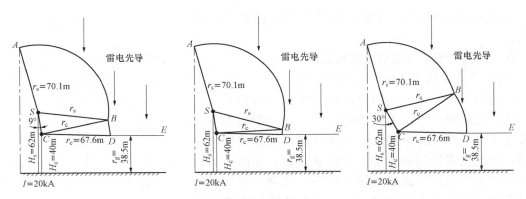

图 4-11　随避雷线保护角变化绕击概率的变化（雷电流 $I=20\text{kA}$）

表 4-6　　　　　　　　　　　酒杯塔（边相 I 串）线路绕击跳闸率　　　　　　［次/(100km·a)]

地线间距（m）	地线保护角（°）	地面倾斜角（°）			
		0	0	20	30
39.012	7.7	0	0	4.88×10^{-2}	0.7192
41.012	5.3	0	0	1.86×10^{-2}	0.3971
43.012	2.8	0	0	5.50×10^{-3}	0.1997
45.012	0.4	0	0	1.25×10^{-3}	0.0897
47.012	-2.0	0	0	0	0.0357
49.012	-4.2	0	0	0	0.0117

表 4-7　　　　　　　　　　　猫头塔（边相 I 串）线路绕击跳闸率　　　　　　［次/(100km·a)]

地线间距（m）	地线保护角（°）	地面倾斜角（°）			
		0	10	20	30
26	4.9	0	5.66×10^{-4}	5.57×10^{-2}	0.7143
28	3.3	0	0	3.04×10^{-2}	0.4869
30	1.6	0	0	1.53×10^{-2}	0.3191
32	0.0	0	0	7.25×10^{-3}	0.2165
34	-1.7	0	0	3.09×10^{-3}	0.1208

　　为了提高避雷线对导线的屏蔽效果，减小绕击跳闸率，避雷线对边相导线的保护角应尽量小一些。对于特高压线路，雷电绕击导线的概率和地线保护角有很密切的关系，因而降低绕击跳闸率最有效的措施是降低地线保护角，尤其是山区的特高压线路。地线保护角的选择可依据沿线地形和地面倾斜角的变化而有所区分。因此对于地面倾斜角小于

20°的地区，地线保护角可选为4°以下。对于地面倾斜角大于20°的山区，地线保护角宜小于−2°。

因此我国的特高压线路，对于平原地区，猫头塔的地线保护角小于5°。对于山区，酒杯塔的地线保护角小于−5°。我国1000kV特高压交流试验示范工程单回线路典型塔型如图4-12所示。平原地区使用猫头塔，山区使用酒杯塔。边相绝缘子为I串，中相绝缘子为V串。典型塔型单回线路雷电绕击跳闸率结果见表4-8。

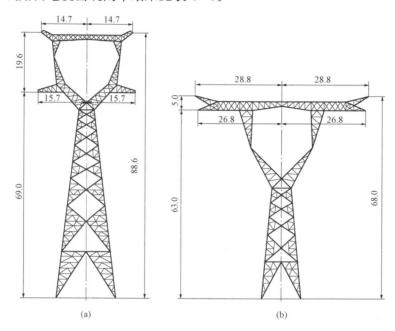

图4-12　我国1000kV特高压交流试验示范工程单回线路典型塔型（单位：m）

(a) 猫头塔（ZMP2）；(b) 酒杯塔（ZBS2）

表4-8　　　　　　　　　　典型塔型单回线路雷电绕击跳闸率结果　　　　　　　[次/(100km·a)]

塔型	地面倾斜角 θ (°)			
	0	10	20	30
ZBS2（酒杯塔）	0	0	4.8×10^{-9}	0.019
ZMP2（猫头塔）	0	0.006	0.108	0.618

避雷线保护角减小，意味着增大两地线之间的距离，使两避雷线对中相导线的屏蔽作用减小，可能造成雷电绕击中相导线，增大绝缘闪络和线路跳闸的危险。为此，采用EGM对中相导线进行绕击跳闸率分析，计算结果见表4-9。结果表明，能够穿越两侧地线绕击到中相导线的雷电流幅值较小（$I < 9$kA），远不够引起绝缘闪络，也不会引起线路跳闸。所以，适当减小避雷线保护角，增大了两避雷线之间的距离，不会引起雷电绕击中相导线而造成线路跳闸。

特高压交流试验示范工程输电线路全长641km，于2009年1月投入运行，截至2013年7月，运行已超过4年，未发生一次雷击跳闸。可见，我国特高压交流试验示范工程的防雷保护设计是非常有效和成功的，满足雷击跳闸率低于0.1次/(100km·a)

的设计指标。

表 4 - 9   **可能绕击中相导线的最大雷电流**

塔型	两地线间距（m）	导线和地线的垂直距离 Δh（m）	绕击中相导线的最大雷电流（kA）
ZBS2	57.6	15	7.9
		13	8.8
ZMP2	29.4	13	2.7
		11	2.8

（2）对 1000kV 双回线路进行分析。由于同塔双回线路杆塔较高，其大地屏蔽效应要比一般的单回路相对弱一些。在相同的保护角下，其绕击跳闸率要高一些。

结合日本特高压同塔双回线路的运行经验，通过对比分析采用鼓型塔和伞型塔防雷性能的优劣，综合防雷、绝缘、脱冰跳跃和电磁环境等多方面考虑，我国特高压同塔双回线路导线、避雷线最终采用伞型塔布置方式。两种杆塔的塔型如图 4 - 8 所示。

在地面倾斜角 $\theta \leqslant 10°$ 地区，绕击跳闸率也达 $0.13\sim0.14$ 次/（100km·a），高于预期的雷电跳闸率，所以希望进一步降低保护角。地线保护角 α 降到 $0°$，在地面倾斜角 $\theta \leqslant 10°$ 地区，绕击跳闸率可降到 $0.06\sim0.07$ 次/（100km·a），可以达到预期的雷电跳闸率的要求。

同塔双回线路的避雷线保护角：平原和丘陵地区一般不大于 $-3°$，山区一般不大于 $-5°$；架空进线段避雷线保护角在平原地区宜小于 $-4°$，在条件允许的情况下山区应进一步减小。

2. 采用塔上侧向避雷针

塔上避雷针引导雷电先导向着避雷针顶端方向发展，所以塔上侧向避雷针是吸引雷电击中杆塔，避免导线遭绕击的装置。由于特高压线路的反击耐雷水平很高，击中塔上侧向避雷针的雷电流将不足以引起反击跳闸。一般塔上侧向避雷针可装在线路雷害特别严重的地区。

3. 其他措施

采用三根地线增大屏蔽范围，减少线路的绕击率。这种方法在变电站进线段的作用尤为明显。

在导线下方设置耦合地线或旁置地线，可减小边相导线和同塔双回线路下导线的绕击率。在沿线地面倾斜角较小的情况（如 $\theta=10°$）下，此方法的作用不明显；在地面倾斜角度较大（如 $\theta=30°$）时，它可降低绕击跳闸率 $30\%\sim40\%$。

四、特高压直流输电线路防雷保护

特高压直流输电线路的防雷设计，可根据负荷的性质和系统运行方式，结合当地已有的运行经验、地区雷电活动的强弱特点、地形地貌特点及土壤电阻率等因素，在计算耐雷水平和全线闪络率后，通过技术经济比较，采用合理的差异化防雷方式。

接地极线路通常采用较低的电压等级，导线布置在杆塔两侧，考虑接地极线路的重要性，特高压直流接地极线路要求沿线架设避雷线，增加导线的耦合系数，提高耐雷水平，避雷线保护角不宜大于 $30°$。因接地极线路绝缘水平较低，故雷击大地或线路均可导致接地极线路闪络。由于直流电流无过零点，可建立稳定电弧，部分直流电流通过杆塔接地，尤其在单极大地方式下或双极大地方式运行下单极接地故障时，健全极转为单极大地运行方式时期内，雷击点直流续流会很大，难以熄弧。为避免烧坏绝缘子串，发生绝缘子串掉落事故，接地极线路的绝缘子两端应装设招弧角。

特高压直流线路耐雷性能应不低于±500kV 直流线路。以向家坝—上海±800kV 特高压直流输电示范工程为例，采取了以下防雷方案。

（1）特高压直流线路采用双避雷线。山区地带的避雷线保护角控制在−10°，平原地区的避雷线对外侧导线的保护角控制在0°；两根避雷线间水平距离不超过避雷线与导线间垂直距离的 5 倍；逐基接地，接地电阻值满足设计要求。

（2）大跨越段架设双避雷线。避雷线与导线间的水平位移不小于 3m，跨越塔避雷线对导线的保护角小于 0°；加大档距中央导线和避雷线之间的距离（>20m），使雷击档距中央的耐雷水平满足 200kA；设计要求接地电阻小于 5Ω。

特高压直流线路的雷电性能与特高压交流线路的基本一致，雷电闪络率运行数据在 0.1 次/（100km·a）左右，且根据初步判定，雷电闪络事故均为发生在正极极线上的绕击闪络。从已有的运行经验来看，特高压直流线路中的正极性导线引雷效果明显，比负极性导线更易于发生绕击。

五、特高压变电站防雷保护措施

特高压变电站的雷害来自两个方面：①雷直接击到站内的设备上而造成设备的损坏，简称直击雷；②雷击到输电线路的杆塔或避雷线上，造成绝缘子闪络（反击）产生的雷电波，或者直接击到导线上（绕击）产生的雷电波，沿输电线路传递到变电站而在站内设备上产生的过电压，简称雷电侵入波。所以，特高压变电站的防雷保护措施包括直击雷的防护和雷电侵入波的防护两个方面。

（一）特高压变电装置的直击雷防护

防止雷直击变电站的主要措施是采用避雷针或避雷线或两者混合使用。日本和一些西欧国家较多使用避雷线，我国特高压变电站则混合使用避雷针和屏蔽避雷线。

根据我国 110～500kV 大量变电站多年来的运行经验，对特高压变电站采用敞开式高压配电装置（AIS）时，可直接在变电站构架上安装避雷针和（或）避雷线作为直击雷保护装置。装在架构上的避雷针应和接地网连接，并在其附近装设集中接地装置。计算研究表明，装有避雷针的架构的接地部分与带电部分间的空气距离不得小于 7m，装设在架构（不包括变压器门型架构）上的避雷针与主接地网的连接点至变压器接避雷线与主接地网的连接点之间，沿接地体的长度不得小于 15m。同时还要求避雷针或避雷线与被保护设备之间留有足够的距离，以确保雷击避雷针或避雷线时不会发生对被保护设备的反击。

对特高压变电站采用 HGIS 或 GIS 时，则其 GIS 部分的引入、引出套管尚需有直击雷保护装置保护。露天布置的 GIS 本身仅将其外壳可靠接至变电站接地网即可。

（二）电气设备的雷电侵入波过电压保护

雷击线路的概率远比雷直击变电站的概率高。雷击避雷线或杆塔造成反击闪络，雷电流进入导线，或者雷电直接绕击导线，均会形成雷电过电压行波，沿线路侵入变电站。它们可能高于设备的绝缘水平，威胁变电站的安全运行。所以雷电侵入波过电压保护是特高压变电站防雷保护的重点。

与超高压变电站的防雷保护有所区别的是，特高压变电站的防雷保护不仅在变电站采取措施限制侵入波过电压，还从侵入波过电压产生的根源上提出了限制措施，即对变电站进线段设计提出要求，形成了变电站与进线段相结合的侵入波过电压防护措施。

1. 变电站进线段线路防雷保护优化设计

限制雷电侵入波过电压的主要措施是提高进线段线路的防雷性能，即降低最大绕击电流值和提高反击的耐雷水平，具体包括以下 3 方面。

（1）进一步减小变电站近区线路杆塔的保护角，限制近区线路可能出现的最大绕击电流，降低可能出现的绕击侵入波的幅值。

（2）加强近区线路的绝缘强度，减小杆塔的接地电阻。

（3）第三根避雷线。特高压示范工程采用单回线路架设，导线水平排列，减小避雷线保护角则避雷线之间的间距加大，导致避雷线对中相导线的屏蔽作用减弱。虽然能够绕击中相的雷电流幅值不高，但如果发生在近区仍有一定的风险，因此要求当单回线路进线段杆塔上两根避雷线之间的距离超过导线与避雷线垂直距离的 4 倍时，需增设第三根避雷线防止雷电绕击中相导线。

2. 变电站避雷器（MOA）布置方案优化设计

限制雷电侵入波过电压的另一主要措施是在变电站布置避雷器（MOA）。1000kV 变电站内的 MOA，无论是母线侧还是线路侧，其额定电压均为 828kV，标称放电电流为 20kA，雷电防护水平为 1620kV。设备和避雷器之间一般都会有一定的距离，避雷器和被保护设备的间隔距离越大，对设备的保护作用越差。因此，1000kV 变电站内的 MOA 布置方式（包括布置的位置和支数）对限制雷电侵入波过电压有较大的影响。

一般来说，特高压变电站中的重要设备（如主变压器、高压电抗器）处、母线处、线路出口处都需要安装一组避雷器。

考虑到工程的建设投资和运行维护的费用，研究成果表明，部分特高压变电站的 GIS 母线上可取消避雷器，线路出口处可与高压电抗器共用一组避雷器。

3. 串联补偿平台与隔离开关的防雷保护优化设计

一般而言，变电站扩建加装串联补偿装置后，最大雷电侵入波过电压出现在串联补偿设备上，原变电站的雷电侵入波过电压幅值则不高。因此，必须对串联补偿装置的雷电侵入波过电压进行限制。

串联补偿装置的雷电侵入波过电压限制仍采用避雷器。由于串联补偿装置本身的体积较大，串联补偿平台与附属设备的总长度超过 77m，避雷器对最远端设备的保护可能较差，需重点关注。研究结果推荐避雷器与串联补偿平台最近端的距离不宜大于 80m。

六、特高压换流站防雷保护

（一）换流站设备的直击雷防护

换流站的直击雷防护与变电站没有本质区别，都是采用安装避雷针和避雷线等措施将具有某种强度的雷电直击概率降低到工程可以接受的程度。换流站存在交流开关场、高压直流开关场、交流滤波器场、直流中性点场等用途不同、电压等级各异的户外场，直击雷防护需因地制宜。

我国特高压换流站的直击雷防护措施沿用了 ±500kV 换流站的直击雷防护措施，主要有安装避雷针和避雷线两种，避雷针和避雷线的防雷原理及设计方法与交流变电站类同。直流场、交流滤波器区域、换流变压器区域的直击雷防护主要由避雷线完成。在直流滤波器区域和直流中性点区域，由于绝缘水平低、面积大，对屏蔽要求较高，如果仍然采用避雷针，则必须提高避雷针的高度或者提高所采用避雷针的密度，这将引起避雷针本体和基础造价的大幅提升，同时会影响换流站整体观感或造成布置上的困难并增加占地。因此，可以在构架避雷针和位于站区边沿的独立避雷针之间架设避雷线。若特高压直流场采用避雷线保护方案，避雷线的高度约为 40m。

避雷针、避雷器、换流建筑物（包括换流变压器区域）、500kVGIS 配电装置室、综合楼及其他辅助建筑物的环房地网附近应设置集中接地装置。

（二）换流站设备的雷电侵入波过电压防护

特高压直流换流站可分为交流开关场、直流开关场和换流区域三大部分。换流站雷电侵入波过电压主要来源于接入交流开关场和直流开关场 2km 进线段线路的雷电反击和绕击。

1. 换流站雷电侵入波过电压

换流站雷电侵入波过电压主要有以下 3 种。

（1）交流开关场雷电侵入波过电压。换流站交流场设备上的雷电过电压是由交流输电线路传入的，产生雷电过电压的原因与常规交流变电站相同。由于交流开关场的出线较多，并接有多组交流滤波器和电容器等设备，它们对雷电侵入波过电压有一定的阻尼作用；且线路、站用变压器、换流变压器侧和滤波器母线均装有避雷器，对雷电侵入波过电压衰减很大，使得换流站交流设备上的雷电过电压低于常规交流变电站。

（2）换流区域雷电侵入波过电压。换流器的交流侧有换流变压器，直流侧有平波电抗器，通过换流变压器绕组之间和平波电抗器匝间电容，传递到换流区域的雷电侵入波幅值较低，波形类似于缓波前过电压。

（3）直流开关场雷电侵入波过电压。换流站直流场的运行方式不同于交流变电站。其运行方式包括双极运行和单极运行，其中单极运行又包括单极金属回线运行和单极大地回线运行（较少采用）两种方式。对于不同的运行方式，雷电侵入波过电压的特点各不相同。

1）极导线雷电侵入波过电压。换流站直流场进线的极性对侵入波过电压有较大的影响。由于大部分雷电的极性为负极性，换流站直流场的直流工作电压使得大部分雷电绕击和反击发生在正极性线路。绕击也可能发生在负极性线路，负极性的雷电绕击负极性线路时，与工作电压叠加，过电压要高得多。

雷电侵入波从极导线传入直流场，由于直流开关场接有直流滤波器和平波电抗器等阻尼雷电波的设备及直流极母线、金属回线、接地极线和中性母线等多组避雷器，雷电侵入波过电压一般不严重。

2）中性母线雷电侵入波过电压。中性母线雷电侵入波过电压包括经直流滤波器耦合到中性母线的金属回线、接地极线路或极导线雷电侵入波过电压。

接地极线路为低电压等级线路，其绝缘子两端都装有招弧角。单极大地回线运行方式下，由于中性母线避雷器和接在中性母线入口处的冲击吸收电容器的存在，侵入波过电压较低。冲击吸收电容器对侵入波的抑制效果明显。

金属回线运行时，因作为金属回线的极线杆塔远高于接地极线路杆塔，且绝缘水平较高，其雷电反击和绕击侵入波的幅值远大于大地回线方式。所以，在进行中性母线的防雷设计时应特别考虑单极金属回线运行方式下的雷电侵入波过电压。

2. 换流站雷电侵入波过电压防护

特高压换流站的雷电侵入波过电压保护主要采用无间隙氧化锌避雷器（MOA），避雷器配置的基本原则有以下 4 种。

（1）在交流侧产生的过电压应尽可能用交流侧的避雷器加以限制。

（2）在直流侧产生的过电压应由直流线路避雷器、直流母线避雷器和中性母线避雷器加以限制。

（3）关键部件应由与该部件紧邻的避雷器保护。如阀、交流和直流滤波器的低压部件等，应分别由各自的避雷器保护。

（4）与交流侧一样，直流场避雷器的安装位置应尽量靠近被保护的设备。若距离较大，应根据具体工程的设计，通过仿真计算来验证，使其成为有效的防雷措施。

课题四　特高压输变电系统绝缘配合

电力系统中电气设备的绝缘，在运行中会受到工作电压、暂时过电压、操作过电压、雷电过电压这几种电压的作用，电气设备的绝缘，在上述各种电压作用下会呈现出相应的绝缘强度（一般以其放电电压来表征）。

绝缘配合技术是指在考虑运行环境和过电压保护装置特性的基础上，根据设备上可能出现的电压，科学合理地选择其绝缘水平。在此过程中，应权衡设备造价、维修费用和故障损失，力求用较为合理的成本获得较好的经济效益。

与常规超高压输电线路相比，特高压线路具有输送容量大、输送距离远、电压等级高、绝缘要求高等特点，对加强区域电网的互联，提高电网安全可靠性有着重大的意义。

由于特高压电网电压等级高、地位重要，因此相对于较低电压等级电网，特高压电网的绝缘配合有其特殊性。首先，特高压电网设备的绝缘配合必须保证系统有较高的稳定性；其次，特高压电网对绝缘要求高，输变电设备绝缘部分的投资占设备总投资比重大，合理确定绝缘水平有着巨大的经济效益；最后，由于电压等级的提高，在配合中起主导作用的过电压将不同于低电压等级系统，绝缘配合的原则也会随之不同。绝缘配合问题在超/特高压输电领域更值得关注。

一、特高压输电线路绝缘的电气特性

特高压架空输电线路绝缘可分为两类：①导线与杆塔或大地之间的空气间隙；②绝缘子。其中空气间隙有：导线对杆塔之间的空气间隙、导线之间的空气间隙、档距中间导线对地的空气间隙、档距中间导线对地面上运输工具或传动机械间的空气间隙。

特高压变电站的绝缘主要有绝缘子、气体绝缘、非自恢复绝缘设备三种情况。如果特高压变电站采用敞开式高压配电装置（AIS），那么空气是特高压变电站的主要绝缘介质，导线与悬挂导线的架构之间采用绝缘子实现导线与地之间的绝缘。若特高压变电站采用半封闭组合电器（HGIS）或全封闭组合电器（GIS），则其 GIS 部分除有六氟化硫（SF_6）气体绝缘和内部合成绝缘子外，GIS 还有引入引出套管等绝缘元件。特高压变电站的电气设备（如电力变压器、高压并联电抗器、电流互感器等）为油纸非自恢复绝缘设备。

（一）特高压架空输电线路绝缘子的性能要求

特高压输电工程对绝缘子提出了更多更高的要求，如高机械强度、防污闪、提高过电压耐受能力和降低无线电干扰等。

1. 高机械负荷能力

特高压架空输电线路的绝缘子由于其悬挂的相导线根数多、截面大，加之风力、覆冰等

极苛刻的运行条件，因此必须有足够大的机械荷载能力，一般要有 210、330kN 和 540kN。

2．防污闪

我国大气环境条件尚不够良好，研究开发自清洗能力强、耐污闪的特高压输电线路用的绝缘子确是当务之急。

基于国内外超高压架空输电线路复合绝缘子在污秽地区的良好运行特性，在较重污秽地区的特高压架空输电线路也宜采用复合绝缘子。苏联的 1150kV 特高压架空输电线路大约采用了 700 多支复合绝缘子，目前已有国内合成绝缘子厂家研制出 1000kV 线路用的复合绝缘子。

3．提高过电压耐受能力

绝缘子在运行中需要承受工作电压和操作过电压的作用，工作电压与绝缘子表面的爬电距离有关，操作过电压则与绝缘子的结构高度有关。设计特高压输电线路绝缘子的造型，应充分注意这一特点，以使绝缘子串在承受上述两种电气荷载的特性方面能有较好的配合，一般要求绝缘子的爬电距离与结构高度之比不小于 3。

4．降低无线电干扰

由于对抗无线电干扰方面的要求，则在制造加工过程中即对特高压绝缘子球头、钢脚及其间的距离和钢帽边缘的形状和加工的粗糙度等做出精心的设计和处理。

（二）特高压架空输电线路空气间隙的放电特性

空气是特高压输电工程中重要的绝缘介质之一，其放电电压与作用电压的种类、极性（操作/雷电过电压）、波形（操作过电压的波头）、构成空气间隙电极的形状、距离以及所在地区的空气气象参数等因素有关。

1．交流线路杆塔间隙放电特性

特高压真型猫头塔在 2.0～4.5m 间隙范围内的工频电压放电现场试验如图 4-13（a）所示，获得的不同间隙距离下的放电特性曲线如图 4-13（b）所示。特高压真型酒杯塔在 2.9～3.3m 间隙距离范围内的放电特性试验如图 4-14（a）所示，获得的放电特性曲线如图 4-14（b）所示。晋东南—南阳—荆门 1000kV 特高压交流试验示范工程真型猫头塔和酒杯塔试验表明，空气间隙在工频电压下的 50％放电电压与间隙距离的关系为 $U_{50\%}=kS$，其中 S 为间隙距离，k 为间隙系数。$2m \leqslant S \leqslant 4.5m$ 时，k 在 392～485kV/m 之间，且随着距离的增大而降低。

（a）

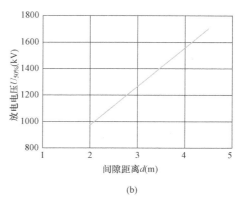

（b）

图 4-13　特高压真型猫头塔边相导线工频电压放电试验及其放电特性曲线

（a）特高压猫头塔边相导线工频电压放电试验；（b）边相导线 I 串放电特性曲线

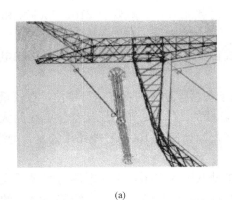

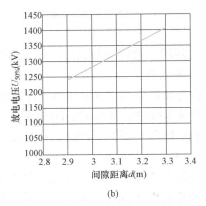

(a)　　　　　　　　　　　　　　　　　(b)

图 4-14　特高压真型酒杯塔边相导线工频电压放电试验及其放电特性曲线

（a）特高压真型酒杯塔边相导线工频电压放电试验；（b）边相导线 I 串放电特性曲线

特高压猫头塔边相导线对塔身间隙距离在 4.8～8.2m 范围内的操作冲击电压试验如图 4-15（a）所示，其放电特性曲线如图 4-15（b）所示，距离导线最近处塔身宽度为 6.6m。对特高压真型酒杯塔边相导线距塔身 6.4m 的典型间隙进行 120、250、500、1000μs 和 5000μs 五种不同波前时间操作冲击电压试验，如图 4-16（a）所示，获得 $U_{50\%}$ 放电特性曲线如图 4-16（b）所示。试验结果表明，500、1000μs 和 5000μs 长波头操作冲击下的 $U_{50\%}$ 较标准操作冲击下电压值分别提高 4.4%、8.0% 和 18.2%，为波形修正提供了条件。

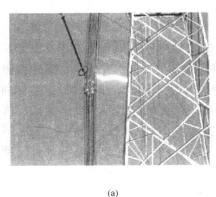

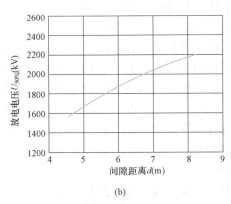

(a)　　　　　　　　　　　　　　　　　(b)

图 4-15　特高压真型猫头塔边相导线 I 串操作冲击电压试验及其操作冲击放电特性曲线

（a）特高压真型猫头塔边相导线 I 串操作冲击电压试验；（b）放电特性曲线

图 4-17（a）所示为特高压真型酒杯塔中相塔窗操作冲击电压试验。由中相塔窗 8.1/7.7m 间隙（对横梁/对斜铁）试验获得了不同波头的放电特性曲线如图 4-17（b）所示，可用于间隙距离的确定和波形的合理修正。

图 4-18（a）和图 4-18（b）分别为特高压真型猫头塔和酒杯塔边相塔窗雷电冲击放电特性曲线，图 4-19（a）和图 4-19（b）分别为特高压真型猫头塔和酒杯塔中相 V 串间隙雷电冲击放电特性曲线。根据曲线可知，特高压交流真型杆塔边相 I 串导线对塔身间隙雷电冲击放电电压梯度为 587kV/m，中相 V 串对塔窗间隙雷电冲击放电电压梯度为 575kV/m，雷电冲击受塔头结构影响较小。

特高压线路相间绝缘强度由相间操作过电压控制，8分裂导线相间放电特性试验及结果分别如图4-20（a）～4-20（b）所示。试验结果表明，8～13m间隙范围内50%放电电压系数在282～363kV/m范围内，随着间隙距离的增大，单位间隙放电电压降低。

(a)

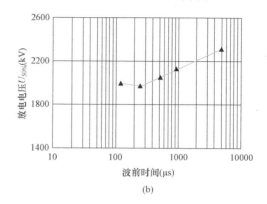

(b)

图4-16　特高压真型酒杯塔边相Ⅰ串操作冲击电压试验及其操作冲击放电特性曲线

（a）特高压真型酒杯塔边相Ⅰ串操作冲击电压试验；（b）不同波头操作冲击放电特性曲线

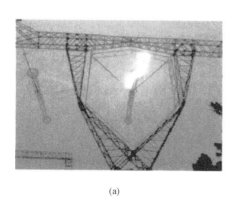

(a)

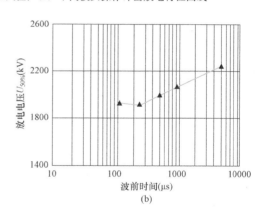

(b)

图4-17　特高压真型酒杯塔中相塔窗操作冲击电压试验及其操作冲击放电特性曲线

（a）特高压真型酒杯塔中相塔窗操作冲击电压试验；（b）不同波头操作冲击放电特性曲线

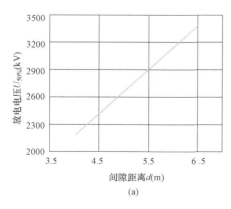

(a)

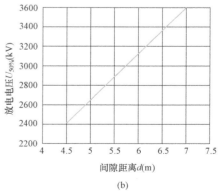

(b)

图4-18　特高压真型猫头塔和酒杯塔边相塔窗雷电放电特性曲线

（a）猫头塔边相塔窗雷电放电特性曲线；（b）酒杯塔边相塔窗雷电放电特性曲线

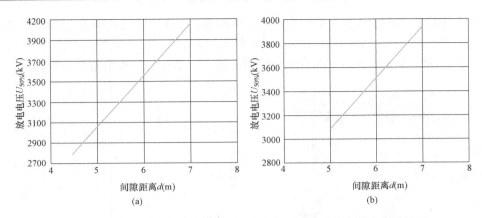

图 4-19　特高压真型猫头塔和酒杯塔中相 V 串间隙雷电放电特性曲线
（a）猫头塔中相 V 串间隙雷电放电特性；（b）酒杯塔中相 V 串间隙雷电放电特性

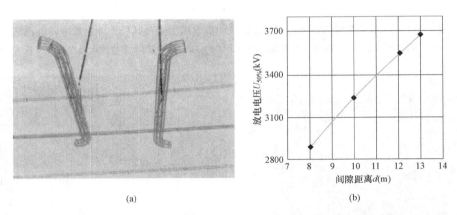

图 4-20　特高压真型 8 分裂导线相间操作冲击电压试验及其操作冲击放电特性曲线
（a）8 分裂导线相间操作冲击电压试验；（b）1000μs 长波头操作冲击放电特性曲线

2. 直流线路杆塔间隙放电特性

由于单位长度空气间隙距离的直流放电电压值很高，直流电压对空气间隙的要求远小于操作冲击或雷电冲击电压。±800kV 直流输电线路采用 V 型串，导线对塔身间隙距离由操作过电压控制。

采用试验电压波形为正极性 250/2500μs 的标准操作冲击电压，获得到图 4-21 所示北京海拔 50m 和西藏海拔 4300m 地区直流输电线路 V 型绝缘子串塔头空气间隙操作冲击 50% 放电电压与空气间隙距离的关系曲线，同时采用插值法得到图 4-22 中不同海拔下正极性操作冲击放电电压与空气间隙距离的关系曲线。显然可看出，北京和西藏两地的操作冲击放电分散性都较小。

在北京和西藏两地开展直流线路 V 型串空气间隙雷电冲击放电试验，获得正极性雷电冲击 50% 放电电压与间隙的关系曲线，分别如图 4-23 和图 4-24 所示。从两地的试验结果可看出，雷电冲击放电电压与间隙距离呈很好的线性关系，放电的分散性也较小。

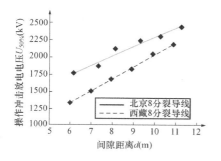

图 4-21　北京和西藏塔头空气间隙操作
冲击放电特性曲线

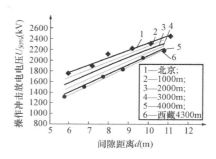

图 4-22　不同海拔下塔头空气间隙操作
冲击放电特性曲线

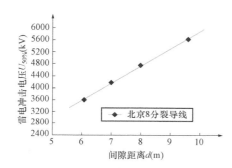

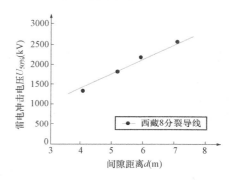

图 4-23　北京塔头空气间隙雷电冲击放电特性　图 4-24　西藏塔头空气间隙雷电冲击放电特性

二、绝缘配合方法

绝缘配合方法可分为两类：一类是根据运行经验，考虑各种因素的影响，利用一系列配合系数来确定绝缘水平，称为惯用法。另一类是根据自恢复绝缘的闪络电压是一个随机变量，而作用于绝缘的过电压也是一个随机变量的情况，通过概率方法设计设备的绝缘，称为统计法。

（一）惯用法

惯用法（又称确定性法）绝缘配合，通常是使电气设备的绝缘水平与作用电压最大值之间保留一定裕度，即配合系数，以保证电气设备运行的安全。实质上，配合系数是用于补偿在估计最大过电压和确定最低耐受电压时的误差。惯用法对有自恢复能力的绝缘（气体绝缘）和无自恢复能力的绝缘（液体或固体绝缘）都是适用的。对电气设备非自恢复型内绝缘采用惯用法进行绝缘配合。

（二）统计法

对于绝缘子和空气间隙类自恢复型绝缘而言，其绝缘闪络电压是一个随机变量，而且作用于绝缘的过电压也是一个随机变量。当获知它们的信息之后，即可通过概率论理论应用统计法来进行绝缘配合设计。

由于统计法需要大量绝缘击穿数据，实际应用中很难获得，因此只适用于自恢复绝缘。统计法绝缘配合是在充分掌握绝缘放电电压和作用的过电压二者的统计规律和关键技术参数的基础上，通过对各种因素的敏感性分析，按可靠性指标（可接受的绝缘闪络放电次数）实现一个经济可靠的绝缘配合设计。

目前，在 330kV 及以上的超/特高压输电线路工程中绝缘配合的统计法已被广泛的应用。此外，对超/特高压变电站的空气间隙选择则一般采用半统计法。该方法的前提是对于操作/雷电过电压不再视为随机变量，而是采用变电站内安装的金属氧化物避雷器（MOA）的相应保护水平。但是空气间隙的放电电压则视为随机变量，且为安全起见采用其 50％放电电压比采用 MOA 的保护水平低 3 倍的空气间隙放电电压标准偏差。统计法绝缘配合保证了空气间隙闪络放电概率仅为 0.00135％。

三、特高压输电绝缘子的选择

（一）架空输电线路绝缘子的选择

1.1000kV 交流输电线路绝缘子的选择

1000kV 线路直线杆塔上悬垂绝缘子串的绝缘子片数选择主要需满足能够耐受长期工作电压作用的要求，操作过电压和雷电过电压一般不作为选择绝缘子片数的决定条件，仅作为是否满足要求的校验条件。

绝缘子片数的确定可采用污耐压法或泄漏比距法。污耐压法确定绝缘子串片数的原则是使绝缘子的耐受电压大于该系统的最高运行相电压，并且留有一定的裕度。泄漏比距法需根据污区级别决定该污区所对应的爬电比距，然后根据爬电比距和所选定的绝缘子的爬电距离就可计算出所需绝缘子的串长。

泄漏比距法简单直观、容易操作，是一种工程化的设计方法，也是一种间接的设计方法。但这种方法没有与绝缘子的污耐受电压建立起直接的联系，因此，对于在进行设计没有运行经验可供参考的线路时，可以采取按绝缘子的污耐受电压的方法进行外绝缘设计，也可以用污耐受电压的方法对爬电比距法设计的结果进行校核。对特高压输电绝缘子片数的确定推荐采用污耐压法。

表 4-10 给出了清洁区和轻污秽区特高压线路普通型绝缘子的最少片数。表 4-11 给出了 Ⅱ级污秽区悬垂绝缘子（双伞型）串的最少片数。

表 4-10　　　　　　　清洁区及轻污秽区特高压线路普通型绝缘子的最少片数

海拔高度（m）	500	1000	1500
绝缘子片数（XWP-300）	48	52	53
串长（mm）	9360	10140	10335

表 4-11　　　　　　　Ⅱ级污秽区悬垂绝缘子（双伞型）串的最少片数

标称电压（kV）	1000
单片绝缘子的高度（mm）	195
单片绝缘子的泄漏距离（mm）	485
绝缘子片数 n（片）	54

实际中，耐张绝缘子串的绝缘子片数一般可取悬垂串同样的数值。在Ⅲ级及以上的污秽区，复合绝缘子的结构高度应不小于同一污秽区瓷绝缘子串结构高度的 80％。

1000kV 输电线路杆塔中相采用 V 串，边相采用 I 串，而对同塔双回的情况则采用 I 串。塔窗中相使用 V 型绝缘子串可有效减小输电线路的空气间隙。此外，使用 V 型绝缘子串后，塔头设计可不用考虑中相导线风偏的影响，塔头尺寸可大大减小，有利于节约线路走廊，降低线路造价。

2. ±800kV 直流输电线路绝缘子的选择

由于大气环境质量、海拔及地理气象条件等存在差异，国际上直流工程绝缘子的选择，特别是外绝缘设计中所使用的试验数据和设计方法，我国难以采用。因此需依据我国大气特点对 ±800kV 特高压直流输电工程绝缘子进行合理选择。

在特高压直流工程中主要使用了双伞、三伞、钟罩型绝缘子以及复合绝缘子。绝缘子的串长取决于它的耐污闪能力，对于海拔 1000m 及以下的一般轻污秽地区（以盐密为 0.05mg/cm² 计算）可采用钟罩型直流绝缘子，其片数不少于 65 片。在海拔较高、污秽较严重的地区，直流输电线路若选择瓷或玻璃绝缘子，绝缘子片数则有可能超过 100 片。为了解决高海拔重污秽地区的污闪问题并同时控制塔身尺寸，我国使用了大吨位复合绝缘子。根据人工污秽试验结果，在中、重污秽地区（盐密 0.10mg/cm²），特高压直流输电线路采用 11～12m 长的棒形悬式复合绝缘子。

±800kV 线路悬垂串采用双联 I 串、V 串，耐张串采用多串并联。在一般地区钟罩型直流绝缘子 V 串不少于 56 片，重盐密地区复合绝缘子串长约为 10m。

（二）变电站和换流站用绝缘子的选择

1. 变电站用绝缘子

我国 1000kV 交流输变电工程所使用的支柱绝缘子、套管的污秽外绝缘是需要解决的重大问题。在百万伏级大型人工污秽实验室采用耐污压法，研究了伞型、不同平均直径、不同对地高度对支柱绝缘子污耐压特性的影响，并对结构高度为 8.8m 的 1000kV 支柱瓷绝缘子和结构高度为 8m 的 1000kV 空心瓷套管进行了人工污秽试验。研究表明防止套管雨闪的有效方法就是断雨，即增加空气间隙的长度。因此可对大型套管沿轴向每 700～1000mm 绝缘距离增加一个断雨伞，防止设备伞裙间雨水桥接造成雨闪。

我国 1000kV 支柱瓷绝缘子在中级及以下污秽等级地区的结构高度和爬电距离分别为 10000mm 和 30250mm。我国 1000kV 特高压交流空心绝缘子（套管）分别使用空心瓷绝缘子（套管）和空心复合绝缘子（套管），主要使用在户外变压器、电抗器、GIS、断路器、互感器和避雷器等电力设备上，其安装方式有垂直、倾斜两类。特高压变电站设备用套管的外绝缘配置满足中级及以下污秽等级的要求，爬电比距不小于 25mm/kV，最小伞间距不小于 70mm。变压器、电抗器、CVT 和氧化锌避雷器使用的空心瓷绝缘子的结构高度为 10m，GIS 使用的空心复合绝缘子结构高度为 10.8m。

2. 换流站用绝缘子

直流输电工程换流站的外绝缘设计主要取决于工作电压下绝缘子的污秽性能，包括绝缘子的自然积污特性和污秽绝缘子的闪络特性。与交流绝缘子的积污特性相比，直流绝缘子表面污秽吸附情况要更严重；与交流绝缘子的污闪特性相比，直流污闪发生前电压不存在过零点，直流电弧更容易发展至贯通两极。

根据人工污秽试验结果，确定了在中等污秽等级地区（盐密小于 0.05mg/cm²），换流站直流场等径深棱型支柱绝缘子和套管爬电比距设计值为 48.4～59.3mm/kV，大小伞型支柱绝缘子和瓷套管爬电比距设计值为 54.9～60.4mm/kV；在重污秽等级地区，换流站直流场等径深棱型支柱绝缘子和套管爬电比距设计值为 55.9～62.3mm/kV，大小伞型支柱绝缘子和瓷套管爬电比距设计值为 71.5～78.7mm/kV。

四、特高压架空输电线路空气间隙距离

（一）特高压交流输电线路空气间隙的确定

输电线路考虑的空气间隙主要有导线对大地、导线对导线、导线对架空地线和导线对杆塔及横杆。导线对地面的高度主要是考虑穿越导线下的最高物体与导线间的安全距离；导线间的距离主要由导线弧垂最低点在风力作用下，发生异步摇摆时能耐受工作电压的最小间隙确定；导线对地线的间隙由雷击避雷线档距中央不引起导线空气间隙击穿的条件来确定。对于特高压线路空气间隙的确定，最重要的是确定导线对杆塔的空气间隙。

国家标准（GB/Z 24842—2009《1000kV特高压交流输变电工程过电压和绝缘配合》）给出的1000kV特高压交流输电系统不同类型线路在三种过电压下线路空气间隙的选择见表4-12。由于雷电过电压下的空气间隙距离对塔头尺寸不起控制作用，单回线路导线对杆塔的间隙距离标准不作规定。

表4-12　1000kV特高压交流输电系统不同类型线路在三种过电压下最小空气间隙要求值　　　　（m）

作用电压类型	线路类型	最小空气间隙距离		
		海拔高度500m	海拔高度1000m	海拔高度1500m
工频	单回	2.7	2.9	3.1
	同塔双回	2.7	2.9	3.1
操作	单回	边相5.9；中相6.7/7.9	边相6.2；中相7.2/8.0	边相6.4；中相7.9/8.1
	同塔双回	6.0	6.2	6.4
雷电	单回	不予规定		
	同塔双回	平原6.7；山区7.0	平原7.1；山区7.4	平原7.6；山区7.9

注　操作过电压一栏内斜线上下分别代表中相导体对斜铁和上横梁的间隙距离。

为了避免特高压线路塔头过大，带电作业安全距离不宜成为线路绝缘间隙尺寸的控制因素。带电作业安全距离加上人体活动范围（不小于0.5m）后，不宜大于操作过电压要求的间隙距离。

（二）特高压直流输电线路空气间隙的确定

特高压直流输电线路需要配合的空气间隙主要是导线对杆塔的间隙，不同于交流线路，±800kV特高压直流线路全线直线杆塔均采用V型绝缘子串悬挂方式，导线对杆塔的距离是固定的，不受风偏影响。

海拔1000m下，直流工作电压要求的空气间隙为2.3m；操作过电压下间隙为6.2m，沿用1000kV特高压交流线路大气过电压空气间隙击穿电压与绝缘子串闪络电压配合比0.8，则要求空气间隙为7.0~8.7m；雷击闪络造成的危害不严重，雷电过电压下的空气间隙要求值不起控制作用，因此±800kV直流线路杆塔空气间隙最小约为7.2m。

五、特高压变电站和换流站空气间隙距离

（一）特高压变电站空气间隙距离的选择

变电站相导线对地/相对相导线的空气间隙应能承受工作电压、操作过电压和雷电过电压的作用。研究表明，在特高压变电站空气间隙距离选择时，操作过电压起控制作用。如前所述，变电站相导线对地/相对相导线的空气间隙可按绝缘配合的半统计法加以选择。

在海拔不超过 1000m 的地区，对于 1000kV 晋东南—南阳—荆门特高压试验示范工程，变电站的最小空气间隙距离推荐值见表 4-13。

表 4-13 1000kV 晋东南—南阳—荆门特高压试验示范工程中变电站操作冲击电压下最小空气间隙的要求值 （m）

变电站导线对构架最小空气间隙	6.8
变电站设备对构架最小空气间隙	7.5
变电站相间最小空气间隙	10.1（均压环-均压环） 9.2（4 分裂导线-4 分裂导线） 11.3（管形母线-管形母线）

（二）特高压换流站空气间隙距离的选择

1. 工频过电压下的空气间隙

换流站直流侧设备的空气间隙包括阀厅和直流场设备的空气间隙，主要考虑各设备额定直流工作电压下的间隙要求值。直流输电控制保护系统在故障或操作发生后几毫秒内即可动作，基本上可以完全避免发生这种过电压，因此绝缘配合时可不予考虑。

2. 操作过电压下的空气间隙

特高压换流站直流侧设备的空气间隙主要考虑直流、换向脉冲、雷电和操作冲击合成电压的作用。直流侧设备的空气间隙主要由雷电和操作冲击所决定。一般情况下，间隙的正极性直流电压和正极性冲击电压的耐受电压要比负极性耐受电压低，且正极性雷电冲击击穿电压比正极性操作冲击击穿电压要高。因此，在确定直流侧的空气间隙时，操作冲击是比雷电冲击更重要的决定因素。换流站直流场间隙距离的选择由相应的避雷器保护水平确定，试验数据表明，对于 10m 以内的间隙，雷电冲击的闪络电压与间隙长度呈线性关系，而操作冲击的闪络电压与间隙长度具有非线性饱和趋势。可按设备对地空气间隙的 50% 操作冲击电压要求值查换流站各种真型电极形状空气间隙（包括管形母线和带电设备均压环与构架等间隙）操作冲击波放电电压特性曲线，或根据 IEC 60071-2—1996《绝缘配合 第 2 部分：应用指南》中表 A.2（见表 4-14）给出的操作冲击波下最小相对地空气间隙，从而得出设备最小对地空气间隙。

表 4-14 标准操作冲击波下的耐受电压与相对地最小空气间隙间的关系

标准操作冲击波下的耐受电压 （kV）	相对地的最小空气间隙（mm）	
	导体	尖端
750	1600	1900
850	1800	2400
950	2200	2900
1050	2600	3400
1175	3100	4100
1300	3600	4800
1425	4200	5600
1550	4900	6400

3. 雷电过电压下的空气间隙

与操作过电压一样，雷电过电压要求的特高压换流站直流侧设备空气间隙的放电电压应与避雷器的雷电冲击保护水平相配合。同理可按设备对地空气间隙的雷电冲击50％放电电压要求值查换流站各种真型电极形状空气间隙（包括管形母线和带电设备均压环与构架等间隙）雷电冲击放电电压特性曲线，得出设备最小对地空气间隙，或根据 IEC 60071-2—1996 中表 A.2 给出的标准雷电冲击耐受电压和最小空气间隙距离之间的关系，得出设备最小对地空气间隙。

六、特高压电气设备的绝缘水平

（一）特高压交流电气设备的绝缘水平

对于电气设备的绝缘配合，电气设备内绝缘的耐受电压是以避雷器的操作冲击、雷电冲击保护水平为基础，同时乘以一配合系数（安全裕度），用惯用法加以确定的。根据 IEC71-2 的要求，内绝缘的绝缘裕度$\geqslant 1.15$，外绝缘的绝缘裕度$\geqslant 1.05$。表 4-15 给出了变电站主要设备绝缘水平的选择。

表 4-15　　　　　　　　　　变电站主要设备绝缘水平的选择

设备	雷电冲击耐受电压（kV）	操作冲击耐受电压（kV）	短时工频耐受电压（kV）
变压器、电抗器	2250（截波 2400）	1800	1100（5min）
GIS（断路器、隔离开关）	2400	1800	1100（1min）
支柱绝缘子、隔离开关（敞开式）	2550	1800	1100（1min）
电压互感器（CVT）	2400	1800	1300（5min）
套管（变压器、电抗器）	2400（截波 2760）	1950	1200（5min）
套管（GIS）	2400	1800	1100（1min）
纵绝缘	2400+900	1675+900	1100+635（1min）

（二）特高压直流电气设备的绝缘水平

同交流一样，直流电气设备的绝缘配合原则是根据直流设备上出现的暂时、操作、雷电和陡波过电压选择设备的绝缘强度和特性，包括避雷器和换流站控制保护装置的特性，综合考虑设备造价、维护费用和事故损失三个方面，尽力实现直流电气设备安全、经济和可靠地运行。

作为参考，表 4-16 给出了向家坝—上海±800kV 特高压直流工程复龙换流站主要节点的操作冲击保护水平和耐受电压推荐值。

表 4-16　　　　　　　向家坝—上海±800kV 特高压直流工程复龙换流站
主要节点的操作冲击保护水平和耐受电压

直接保护设备	操作冲击保护水平（kV）	操作冲击耐受电压（kV）
直流母线平波电抗器线路侧	1389	1600
直流母线平波电抗器阀侧	1384	1600
高端换流器端子之间	761	950

直接保护设备	操作冲击保护水平（kV）	操作冲击耐受电压（kV）
低端换流器端子之间	725	850
高端换流变压器 Y/Y 阀侧	1384	1600
高端换流变压器 Y/△阀侧	1128	1300
低端换流变压器 Y/Y 阀侧	900	1050
低端换流变压器 Y/△阀侧	827	970
极线平波电抗器端子之间	739	850
中性母线平波电抗器端子之间	424	550
换流变压器阀侧相间	461	550

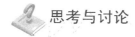 思考与讨论

1. 搜集资料，了解内部过电压和绝缘配合方面，交流特高压电网与超高压电网相比，有哪些相同点和不同点？

2. 在交流特高压电网中，内部过电压主要分几类，其中哪一类对绝缘配合影响较大？

3. 晋东南—南阳—荆门线路在进行高压电抗器配置时，有哪些选择依据？

4. 潜供电弧一般在什么情况下出现，有什么影响？

5. 特高压电网的操作过电压有几类，如何进行抑制，晋东南—南阳—荆门线路的统计操作过电压一般是多少？

6. 简要分析合闸电阻和分闸电阻对过电压的影响。

7. 试简要分析 VFTO 的危害。

8. 特高压直流系统内部过电压主要分几类，如何进行防护？

9. 特高压线路中的雷击过电压有什么特点，如何进行防护？

10. 我国特高压交流输电线路的预期跳闸率是多少？

11. 特高压输电中，绕击跳闸率与哪些因素有关，并简要分析。

12. 简述特高压交流输电和直流输电中分别有哪些防雷措施。

13. 特高压变电站的防雷保护中有哪些有效措施？

14. 特高压换流站的防雷保护分几类？

15. 特高压输电的绝缘有几类，其影响因素是什么？

16. 在绝缘配合中，主要有哪些方法？

17. 特高压交流输电中，对绝缘子有什么要求？如何进行选择？

18. 特高压直流输电中，如何选择绝缘子，试举例说明。

19. 特高压交流架空线路的绝缘配合中，空气间隙的选择需要注意哪些内容？

20. 特高压直流输电线路中，空气间隙的选择主要考虑哪些影响因素？

21. 在特高压变电站中，空气间隙有几类，如何进行选择？

22. 特高压电气设备的绝缘配合系数如何选取？

第五单元

特高压变电站/换流站及其电气设备

课题一　特高压变电站电气主接线及配电装置

一、特高压变电站电气主接线

变电站中的一次电气设备按一定要求和顺序连接成的电路，称为电气主接线，也称主电路或一次接线。电气主接线把各电源送来的电能汇集起来，按需要分配和输送，表明各种一次设备的数量和作用、设备间的连接方式，以及与电力系统的连接情况。电气主接线还影响着配电装置的布置，以及二次接线、继电保护及自动装置的配置等。

电气主接线应满足可靠性、灵活性和经济性三项基本要求。

电气主接线形式应根据变电站在电力系统中的地位、变电站的规划容量、负荷性质、线路和变压器连接元件总数、设备性能参数等条件，同时综合考虑供电可靠、运行灵活、操作检修方便、便于扩建、投资合理和节省占地等要求，通过技术经济比较后确定。

超高压变电站可采用双母线、3/2 断路器、变压器-母线组、角形接线等。我国 500～750kV超高压变电站通常采用 3/2 断路器接线，330kV 超高压变电站采用 3/2 断路器接线或双母线接线。

1000kV 系统电压等级高、输送容量大，发生故障时影响范围广，对特高压变电站电气主接线可靠性提出了更高要求。根据相关分析，双断路器接线、4/3 断路器接线、3/2 断路器接线可靠性指标接近，明显优于双母线双分段与双母线双分段带旁路母线接线。

电气主接线选型还需结合设备制造能力、设备造价、运行经验等因素综合考虑。对于特高压变电站，若采用 4/3 断路器接线，母线侧开关设备通流能力将不能满足要求；若采用双断路器接线，则设备投资高、占地大。

综合考虑供电可靠性、运行灵活性、节省投资和扩建方便等要求，并结合现有设备制造能力，我国第一条特高压交流示范线路中变电站的电气主接线优先选用 3/2 断路器接线，在过渡接线形式中采用了双断路器接线。

我国第二个交流特高压工程淮南—上海项目中，线路为全线同塔双回，设置了淮南、芜湖、安吉和上海练塘 4 座变电站，变电站主接线均采用了 3/2 断路器接线。

二、特高压变电站配电装置

变电站电气主接线中，所装开关电器、载流导体及保护和测量等设备，按一定要求建造而成的电工建筑物，称为配电装置。配电装置的作用是接受和分配电能。配电装置一般应满足以下要求。

（1）节约用地；

（2）保证运行安全和工作可靠；

（3）便于巡视、操作和检修；

（4）节约材料，降低造价；

（5）便于安装和扩建。

高压配电装置可分户内配电装置和户外配电装置两大类。特高压配电装置可分为户外敞开式配电装置和户外气体绝缘金属封闭配电装置（GIS）两种型式。

（一）户外敞开式配电装置

特高压配电装置由于电压高、外绝缘距离大，电气设备的外形尺寸也高大，使得配电装置的占地面积庞大，很难布置在室内，因此特高压敞开式配电装置只能采用户外式。根据占地面积大的特点，特高压敞开式配电装置需要采取有效措施限制内部过电压和雷电过电压水平。又由于电压高，特高压敞开式配电装置中工频电场强度、电晕、无线电干扰和可听噪声等问题比 500kV 超高压配电装置更为突出，需要采取更为有效的抑制措施。

特高压敞开式配电装置中，为了节约用地，要特别重视母线及隔离开关的选型和布置方式。因为母线和隔离开关一般占地面积为整个配电装置总面积的 50%～60%。一般可采用半高型或高型布置方式，将母线布置在隔离开关上方，双母线时可将两组母线上下两层重叠布置，或者采用组合式电气设备以节约配电装置的占地面积。

敞开式配电装置的悬式绝缘子及支柱绝缘子，要根据变电站的环境采用不同的形式。悬式绝缘子耐受过电压的能力要高于线路上的绝缘子。绝缘子串的个数要比线路上多，空气间隙也要比线路上大一些，以保证更高的可靠性。

敞开式配电装置占地面积大，但投资较低，且易于扩建。苏联 1150kV 特高压变电站采用了户外敞开式配电装置，运行经验表明还是可靠的。

（二）户外气体绝缘金属封闭配电装置（GIS）

特高压配电装置采用 GIS 可大幅度压缩占地面积，但价格昂贵，在重污秽、高海拔、强震区及场地狭窄地区有其优越性，可与敞开式配电装置进行经济技术比较。

所谓 GIS，就是将变电站的电气元件（变压器除外），如母线、断路器、隔离开关、电流互感器、电压互感器、避雷器、母线接地开关等全部或大部，用接地的金属密闭容器封闭在充有较高气压绝缘气体 SF_6 中的成套配电装置。填充的 SF_6 气体压力或密度根据内部不同部分起灭弧作用还是起绝缘作用而不同，开关灭弧室的气体压力要求高一些。GIS 内部元件只有组合在一起并填充符合规定压力的 SF_6 气体才能运行，不能拆开单独使用。从构造上，大致可归纳为载流部件或内部导体、绝缘结构、外壳、操动系统、气体系统、接地系统、辅助回路和辅助构件等。其详细的介绍参考本单元课题二。

GIS 按使用条件分为户内型和户外型。户外型 GIS 不需厂房，可减少投资，但易受外界环境、气候条件影响，夏季温升较高多雨淋，易使 SF_6 气体发生化学反应生成有害物质；冬季气温低易使 SF_6 气体液化。户内型 GIS 运行条件优越，但增加了建设厂房、吊车、排风通风装置的费用。由于特高压配电装置的 GIS 面积和体积都很大，采用户内型 GIS 基本不可能，所以采用户外型 GIS。

在 GIS 中，也可以将母线设置在金属封闭容器之外，以节约造价，这种配电装置称为HGIS。我国第一条特高压交流示范工程长治—南阳—荆门的配电装置中，长治变电站采用了 GIS（其远景如图 5-1 所示），南阳变电站和荆门变电站采用了 HGIS（其近景如图 5-2

所示）。

图 5-1　长治变电站 GIS 远景

图 5-2　荆门变电站 HGIS 近景

课题二　特高压变电站交流电气主设备

1000kV 特高压变电站电气设备主要包括变压器、并联电抗器、开关设备（GIS/HGIS）、串联补偿设备、金属氧化物避雷器、电容式电压互感器、电流互感器、支柱绝缘子及套管、低压无功补偿装置等。本课题将对以上主要电气设备进行介绍。

一、特高压变压器

特高压变压器在变电站和系统中占的地位较为重要，对其可靠性提出很高的要求。与 500、750kV 超高压变压器相比，特高压变压器的主要特点如下。

（1）电压等级高。1000kV 是国际上交流输变电设备的最高运行电压等级，绝缘水平高，绝缘结构设计难度大。

（2）单体容量大。为了实现特高压输电经济性，变压器的单相容量是常规 500kV 单相变压器容量的 3～4 倍，控制漏磁和防止局部过热的难度大。

（3）运输条件苛刻。由于电压高和容量大，设备尺寸和质量将受到运输条件的限制。

（4）可靠性要求高。由于输送功率大幅提高，电力系统对设备可靠性要求更为苛刻。

（5）试验技术和能力要求高。尤其是工频试验能力处于极限状态。

特高压变压器形式为单相、油浸式、无励磁调压自耦变压器，由主体变压器和调压补偿变压器两部分构成，其中主体变压器为单相、油浸式自耦变压器，采用单相五柱式或四柱式铁芯，高中低压绕组多柱并联结构。调压补偿器由共用一个油箱的中压中性点无励磁调压变压器和低压补偿变压器构成。我国已研制成功单相五柱式铁芯、高中低压绕组三柱并联结构和单相四柱式铁芯、高中低压绕组两柱并联结构的特高压变压器。图 5-3 所示为世界上容量最大的 1500MVA/1000kV 单相五柱式铁芯、三柱并联结构的特高压变压器，图 5-4 所示为 1000MVA/1000kV 单相四柱式铁芯、高中低压绕组两柱并联结构的特高压变压器。

单相四柱式铁芯、高中低压绕组两柱并联结构的特高压变压器结构如下：①主体变压器两柱高压、中压、低压绕组均为并联；②高压绕组采用中部出线结构，中压绕组和低压绕组采用端部出线结构；③调压补偿变压器内设置调压变压器和低压补偿变压器，补偿变压器中补偿绕组的设置有效地保证了变磁通调压时，不同分接下低压绕组电压的稳定；④无励磁分接开关放置在调压变压器油箱内。

图 5 - 3　单相五柱式铁芯、三柱并联结构 1500MVA/1000kV 特高压自耦变压器　　图 5 - 4　单相四柱式铁芯、双柱并联结构 1000MVA/1000kV 特高压自耦变压器

由于配电装置有 GIS 和敞开式两种类型，因而变压器的出线套管也有油-SF_6 和油-空气两种。在首条特高压示范工程长治—南阳—荆门变电站中，这种单相四柱式铁芯、高中低压绕组两柱并联结构的特高压变压器安装在荆门变电站，该变电站采用了 HGIS 配电装置，主变压器（简称主变）1000kV 侧与母线经过架空线进行连接，因此主体变压器与调压补偿变压器通过油-空气套管在外部进行连接。

主变中压侧电压为 500kV，中压侧与高压侧为自耦式绕组。主变第三绕组侧主要用于装设低压无功补偿装置，第三绕组额定电压的选取主要取决于无功补偿容量的要求。我国现有 500kV 变电站变压器第三绕组额定电压选用 35kV 或 66kV，750kV 变电站变压器第三绕组额定电压选用 66kV。受设备短路电流和断路器额定电流水平的限制，必须提高 1000kV 变压器第三绕组的额定电压等级。通过对 110、132、145kV 电压等级适应性的研究，结合电力系统标称电压等级，确定变压器第三绕组额定电压采用 110kV 电压等级。

根据系统需求，变压器电压调节方式采用无励磁调压。无励磁调压开关的安装位置可以选中压侧线端或中性点，由于 1000kV 变压器中压侧电压为 500kV，在中压侧线端调压无论是从绝缘可靠性还是断路器的选择上，都存在很大困难。因此，特高压变压器采用中性点侧调压方式。自耦变压器中性点调压时会发生第三绕组电压偏移现象。为此，变压器第三绕组增加了补偿装置，以维持第三绕组的电压波动在较小范围。

特高压变压器的试验也比较特殊，与 750kV 及以下电压等级变压器技术规范不同，对于特高压变压器没有设定 1min 短时工频耐受试验项目。为了对特高压变压器严格考核，对其绝缘裕度进行验证，在特高压变压器型式试验带有局部放电测量的长时感应电压试验过程中，其预加电压与高压线端的耐受电压水平相同，即取 $U_1 = U_m$（设备最高电压），线端耐受与局部放电测量同时进行，加压持续时间为 5min，且不进行频率换算，例行试验的时间折算为

$$t = 120 \times \frac{f_0}{f_1} \tag{5-1}$$

式中　t——试验时间，单位为 s，t 不少于 15s；

f_0——基波频率，Hz；

f_1——试验电压频率，Hz。

此外，特高压变压器套管也是重要组成部件之一，其性能直接影响到整个变压器的长期可靠运行。特高压套管需在变压器长时感应电压试验期间接受施加电压为 U_m 的 5min 的考核。套管局部放电测量在套管出厂时单独进行。

二、特高压并联电抗器

特高压并联电抗器是并联于线路的，但装设在变电站内输电线路进出线的首末段。特高压线路的高压并联电抗器主要有以下用途。

（1）并联连接于电网中用以补偿容性无功功率；

（2）降低线路上的工频过电压；

（3）中性点连接小电抗器使单相接地时的潜供电流幅值降低而易于自灭，提高单相自动重合闸的成功率；

（4）有利于消除同步电机带空载长线时可能出现的自励磁现象。

并联电抗器的容量配置，既要满足过电压限制和正常轻负荷时电压控制要求，又要避免给今后重负荷运行时的无功补偿和电压控制造成困难。并联电抗器容量选择与线路长度相关，线路长度不同，补偿容量也不相同。应根据线路长度，研究各种运行方式下的工频过电压、操作过电压和非全相谐振过电压，分析无功平衡、电压控制和沿线的电压分布，综合考虑后进行选取。

为避免线路在非全相运行时发生谐振，特高压并联电抗器补偿度不宜接近全补偿。

特高压并联电抗器分为容量固定（非可控）的电抗器和容量可变化的可控电抗器两种。

（一）容量固定（非可控）并联电抗器

容量固定的特高压并联电抗器一般使用单相油浸式电抗器，由 3 个单相组成三相星形连接，通过中性点小电抗器接地。与变压器不同的是，电抗器铁芯磁路中带有气隙，磁路中的铁芯与变压器铁芯一样由硅钢片叠成的铁芯饼组装而成，磁路中的气隙由高弹性系数的硬质垫块（陶瓷或石质小圆柱）隔开铁芯饼而成。

电抗器铁芯由铁芯柱和铁轭两部分组成，特高压并联电抗器的铁芯结构有单柱带两旁轭、双芯柱带两旁轭和双器身三种技术方案，如图 5-5 所示。三种技术方案的比较见表 5-1。

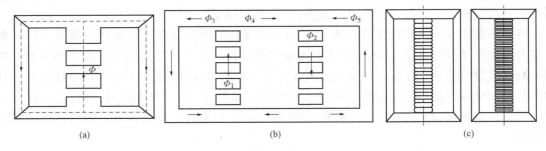

图 5-5 特高压并联电抗器铁芯结构

（a）单柱带两旁轭结构；（b）双芯柱带两旁轭结构；（c）双器身结构

表 5 - 1 铁芯结构技术方案比较

项目	方案一	方案二	方案三
铁芯结构形式	单柱带两旁轭	双芯柱带两旁轭	双器身
每柱容量	全容量	1/2 容量	1/2 容量
优点	(1) 损耗低； (2) 成本低； (3) 总质量轻； (4) 器身绝缘结构、引线结构简单	(1) 单柱容量低，漏磁相对较小；漏磁控制容易； (2) 在同等运输高度下，可选择更大的绝缘尺寸，绕组电抗高度增加，绝缘裕度和可靠性更大	(1) 单柱容量低，漏磁相对较小；漏磁控制容易； (2) 在同等运输高度下，可选择更大的绝缘尺寸，绕组电抗高度增加，绝缘裕度和可靠性更大
缺点	(1) 单柱的工作轴向场强相对较高； (2) 单柱容量大，漏磁控制难度大； (3) 绕组高度高	(1) 损耗较高； (2) 成本较高； (3) 质量增加； (4) 引线结构复杂； (5) 噪声控制难度大	(1) 损耗高； (2) 成本高； (3) 质量增加较多； (4) 引线结构复杂

特高压并联电抗器容量大，若采用单柱带两旁轭结构，虽然损耗低、成本低，但与 500kV 和 750kV 设备相比，单柱容量增加、漏磁控制难度较大、产生局部过热的风险较高。双芯柱带两旁轭结构和双器身结构每柱容量减半，漏磁和局部过热相对容易控制。因此我国特高压交流试验示范工程采用了双芯柱带两旁轭结构和双器身结构。

对于双芯柱带两旁轭结构和双器身结构的特高压并联电抗器，其绕组可采取先并联后串联和先串联后并联两种连接形式。绕组多采用纠结式，绕组与铁芯间装设若干层铝箔静电屏。

我国首台固定容量 200MVA/1100kV 并联电抗器如图 5 - 6 所示。

（二）可控并联电抗器

为了兼顾限制工频过电压、无功调压和系统稳定性三方面对电抗器的要求，在超高压、特高压输电系统中采用可控并联电抗器是一种必然的发展趋势。

可控高压并联电抗器（简称可控高抗）根据其构成原理可划分为磁控式和高阻抗变压器式。磁控式可控高抗在整个容量调节范围内，励磁系统通过改变铁芯的饱和程度来改变电抗器的容量，可以实现输出无功功率的连续平滑控制。磁控式可控高抗包括可控饱和并联电抗器、自饱和并联电抗器两种。

图 5 - 6　我国首台固定容量 200MVA/1100kV 并联电抗器

高阻抗变压器式可控高抗本体采用高阻抗变压器结构，变压器的漏抗率设计值达到或接近 100%，在变压器低压侧接入晶闸管或断路器进行调节。根据调节方式不同，又可分为分级式可控高抗和晶闸管控制变压器式可控高抗两种。

图 5-7　我国首台 1000kV 分级
可控并联电抗器

分级式可控高抗容量的控制采用晶闸管投切外加电抗器的方式，可分别工作于额定容量的不同等级下，满足对一次系统的无功补偿。发生故障时，可以快速调至最大容量，达到限制过电压，抑制潜供电流的目的，具有响应速度快、运行可靠、维护简单、无谐波污染等优点。

我国首台 1000kV 分级可控并联电抗器如图 5-7所示。

三、特高压开关设备

特高压开关设备是非常重要的输配电设备，主要用于关合及开断正常输电线路，以输送及倒换电力负荷；从电力系统中退出故障设备及线段，保证电力系统安全正常运行；将线路及电力系统的不同部分进行电气隔离；将退出运行的设备或线路可靠接地，以保证线路、设备和运行维修人员的安全等。

特高压开关设备主要有断路器、隔离开关和接地开关及其与其他器件的组合产品 GIS。

（一）特高压气体绝缘金属封闭开关设备（GIS）

特高压气体绝缘金属封闭开关设备（GIS）内部元件只有组合在一起并充以规定密度的 SF_6 时才能运行，充注的 SF_6 密度大小取决于内部灭弧性能和绝缘性能的要求。

GIS 的内部元件，有的单独占用一个气室，有的几个元件连在一起共用一个气室，各个气室可以有不同的气体密度。气室内的导电部分与金属外壳之间用环氧树脂浇注的绝缘子支撑，气室之间在电气上通过金属连接件连接起来。外壳之间的接口法兰均经过精密加工，使用耐腐蚀的 O 形密封胶圈将高压气体密封在内部。外壳上一般都安装有安全阀或防爆膜片。

按内部结构不同，GIS 可分为三相共箱型和分箱型两种。三相共箱型是将三相电器安装在同一箱体内，用绝缘支架或隔板将三相电器隔开。这种结构可节约金属外壳材料，并可节省占地。此外，当三相电流同时流过母线时，磁力线在外壳中相互抵消，可减少涡流损耗。三相共箱型 GIS 内部结构示意如图 5-8 所示。

分箱型 GIS 中各相电器单独安装在分相的金属外壳内，各相主回路有独立的外壳，构成同轴圆筒电极系统。电场较均匀，结构比较简单，绝缘问题也较容易处理，不会发生相间短路故障，一般 330kV 及以上电压等级的 GIS，都采用分箱型结构。与 750kV 超高压开关设备相比，1000kV 特高压开关设备的绝缘水平进一步提高，从而使设备尺寸增大，对机械强度提出了更高的要求，也给设备制造、运输与安装增加了难度。

GIS 与常规空气绝缘高压开关设备（AIS）相比，其优点是：①占地面积约为 AIS 的40%，可以大幅缩小占地面积；②设备带电部分全部封闭在金属外壳内，可避免高电压对环境造成电磁污染；③可防止人员触电伤亡；④延长设备检修周期，一般可在 10～20年内不必解体大修；⑤设备绝缘性能不受周围大气条件影响，抗震性强，可提高运行可靠性。

GIS 的造价远高于常规电气设备，在工程设计上，综合考虑其占地面积较小、施工费用

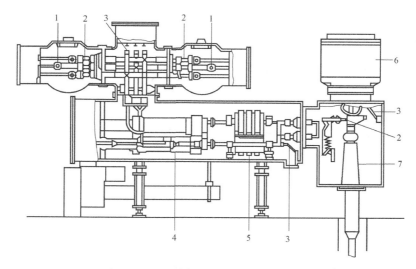

图 5-8　三相共箱型 GIS 内部结构示意图

1—母线；2—隔离开关；3—接地开关；4—断路器；5—电流互感器；6—电压互感器；7—电缆终端

较低的因素，GIS 总投资与常规电气设备的投资比随着电压等级的提高而相对降低，这对在特高压系统中采用 GIS 是有利的。

在特高压变电站布置中还常常采用 HGIS，即复合式 GIS，与 GIS 安全可靠水平相当。HGIS 的母线采用敞开式，扩展方便，占地面积介于 GIS 和 AIS 之间，约为 AIS 的 70%，但造价比 GIS 大为降低。在特高压交流试验示范工程中，长治变电站安装了 GIS，南阳开关站和荆门变电站均安装了 HGIS。

日本 275kV 以上电压等级的变电站大都安装 GIS，其 1100kV 的 GIS 的研制和试验较早。中国在特高压交流试验示范工程建设中，三家电气设备制造厂家与国外著名电气公司采用联合设计、产权共享、合作生产、国内制造的方式，成功研制了特高压 GIS。中国的特高压 GIS 具有以下特点。

（1）长治变电站的 GIS 采用一字型布置，纵向尺寸较小，交叉接线，进出线方向灵活。南阳开关站 HGIS 采用 M 型布置，可进一步减小设备总长度。荆门变电站 HGIS 采用水平布置，设备中心距地面高度为 1.3m，无须任何操作平台。

（2）断路器装设 560～600Ω 的并联电阻，如长治变电站和南阳变电站的隔离开关加装阻值 500Ω 的并联电阻，降低了操作过电压水平。

（3）GIS 的每个隔室均设置了 SF_6 气体密度继电器，提供报警和闭锁信号，可供现场人员观测，同时通过传输电缆将信号传送到控制室，用于气体密度的在线监测。另外，GIS 还增设了局部放电在线监测系统、特快速暂态过电压（VFTO）测量传感器等。

（4）电流互感器采用内置式和外置式两种结构，分别如图 5-9 和图 5-10 所示。内置式电流互感器的单个绕组在绕制完成后通常用环氧树脂进行整体浇注，可防止绕组中残留的水分及杂质进入气室而影响绝缘性能。内置式电流互感器的绕组放置在具有额定压力的 SF_6 的金属壳体内，安装并固定在内屏蔽筒上。外置式电流互感器的绕组处于 GIS/HGIS 壳体外部，与内置式电流互感器相比，外置式电流互感器的绕组与空气直接接触，绕制后外表需进行防腐防潮处理，不必采取整体浇注环氧树脂的方式。

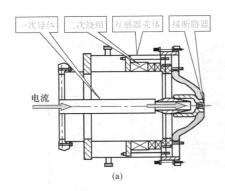
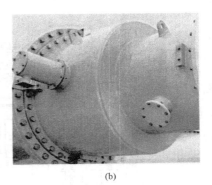

图 5-9 内置式电流互感器

(a) 结构；(b) 外形图

（二）特高压断路器

断路器既能关合、承载、开断运行回路的正常电流，又能关合、承载和开断规定的过负荷电流（如短路电流），广泛用于发电厂、变电站、开关站及输电线路，承担着控制和保护的双重任务。

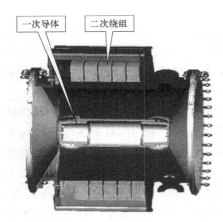

图 5-10 外置式电流互感器

高压断路器的种类很多，按不同灭弧介质分类，有油断路器、压缩空气断路器、真空断路器、SF_6 断路器等。由于 SF_6 气体具有优异的灭弧和绝缘性能，SF_6 断路器具有断口电压高、开断能力强、允许连续开断短路电流次数多、适于频繁操作、开断容性电流可以无重燃或复燃、开断感性电流可以无截流等优点。近年来，在高压及超高压领域中，SF_6 断路器已取代了压缩空气断路器，在特高压领域中更是最主要的断路器形式。

SF_6 断路器对材料、加工工艺、装配等要求较高，尤其是对气体密封性的要求更严，年漏气率一般要求小于 1%。因此，生产 SF_6 断路器的工厂要有专门的净化装配车间、气体回收处理装置、SF_6 检漏仪、微水量检测仪以及吸附低氟化合物和水分的吸附剂、烘干设备等。

SF_6 断路器按结构形式的不同，可分为瓷柱式和落地罐式两种，如图 5-11 所示。瓷柱式采用支柱绝缘子支持灭弧室对地绝缘，这种形式结构简单，较为经济，但不能附加电流互感器。落地罐式是把灭弧室装在接地的金属外壳中，进出高压回路通过高压套管来实现，其价格较高，但能附加电流互感器，且耐受地震的能力优于瓷柱式。

1. 特高压断路器的结构特点

特高压断路器除完成一般高压断路器的任务外，还要求采取特殊措施，如装设分闸电阻和合闸电阻，尽量降低断路器开断和关合时在线路上产生的操作过电压，以降低输电线路和变电站设备的绝缘水平和造价。

断路器的灭弧室由若干个断口组成，每个断口承受一定的电压，以积木式组成整个灭弧

(a)　　　　　　　　　　　　　　　(b)

图 5-11　两种形式的 SF₆ 断路器
(a) 瓷柱式；(b) 落地罐式

室，如果单个断口可以承受 250kV 电压，则 500kV 断路器需要 2 个断口，1000kV 断路器需要 4 个断口（在断口之间使用并联电容均压）；如果单个断口可以承受 500kV，则 1000kV 断路器只要 2 个断口。目前 1000kV 的断路器就有双断口和四断口两种。

如前所述，特高压断路器为了降低关合和开断时的操作过电压，往往需要采用分闸和合闸电阻，其动作原理如图 5-12 所示。分闸时，断路器的主触头先断开，分闸电阻接在回路中，经过 30ms 左右，与分闸电阻串联的辅助触头才断开。在合闸时，其动作顺序相反，与合闸电阻串联的辅助触头先关合，经过 10ms 左右，断

图 5-12　分、合闸电阻滞后分断和
提前关合动作原理图

路器的主触头才关合，这时相当于并联关合一个电阻性回路，不会产生高幅值的合闸过电压。

分、合闸电阻的参数和辅助触头滞后分断和提前关合的时间都要根据系统和线路的情况，通过计算确定。一般为降低操作过电压，对合闸电阻和分闸电阻的最佳阻值的要求不同，合闸电阻要求较低值，分闸电阻要求较高值。为了简化结构，合闸和分闸通常共用一个电阻和辅助触头，根据过电压需要限制的水平，折中选取一个电阻值。但由于共用一个电阻，分闸时对电阻热容量的要求更高。所以，经过比较，经常会只用合闸电阻，分闸的操作过电压由避雷器限制。

2. 我国的特高压断路器

特高压断路器结构上有双断口串联和四断口串联两种方案。双断口特高压断路器的结构简单、断口数量少，但单个断口耐受电压较高，对每个断口绝缘性能的要求较高，并且需采用特大功率的操动机构。四断口特高压断路器零部件的通用性好，机构操作功要求小，但零部件数较多，合闸电阻结构相对复杂。

在我国交流特高压试验示范工程中，长治变电站、南阳开关站和荆门变电站的特高压断路器分别采用了双断口和四断口方案。

长治变电站采用的双断口特高压断路器可装设分、合闸共用的并联电阻（也可仅装设合

闸电阻），并联电阻与断路器灭弧室在同一罐体内，配用的液压操动机构设置有两套相互配合的工作缸，分别控制主断口与电阻断口，从机构上保证了合闸时电阻断口先于主断口合闸，分闸时电阻断口滞后于主断口分闸。灭弧室为双断口串联，采用双动混合压气式结构，开断时双向吹弧，每断口间装有并联均压电容。装设合、分闸电阻的特高压双断口断路器如图 5-13 所示。

图 5-13　装设合、分闸电阻的特高压双断口断路器

南阳开关站采用的双断口特高压断路器，仅装设合闸电阻，合闸电阻与断路器灭弧室在同一罐体内。配用液压操动机构，断路器主断口与辅助断口同步动作，从机械结构上保证电阻断口先于主断口合闸和分闸。仅装设合闸电阻的特高压双断口断路器如图 5-14 所示。

图 5-14　仅装设合闸电阻的特高压双断口断路器

荆门变电站采用的四断口特高压断路器，装设了并联合闸电阻，灭弧室与合闸电阻分别布置在各自独立的罐体中，避免了电阻与灭弧室之间的相互影响，可以降低产品的整体高度，减小壳体尺寸，节省了 SF_6 气体。操动机构与灭弧室采用直连结构，通过平板凸轮传动机构驱动合闸电阻断口先于主断口合闸并且"合后即分"，从工作原理上提高了电阻的可靠性。灭弧室为四断口串联，每断口间装设并联均压电容。装设合闸电阻的特高压四断口断路器如图 5-15 所示。

（三）特高压隔离开关

隔离开关是一种在分闸位置时触头之间有符合规定的绝缘距离和可见断口、在合闸位置时能承载正常工作电流及短路电流的开关设备。隔离开关在关合位置时能承载工作电流，但

图 5 - 15　装设合闸电阻的特高压四断口断路器

不能切除短路电流和大的工作电流。隔离开关没有灭弧装置，因此其结构比断路器简单得多，只需要考虑工作电流的发热和短路电流的动、热稳定性能，主要由绝缘瓷柱（支柱绝缘子）、导电活动臂和操动机构组成。

　　按照支柱绝缘子的数量和导电活动臂的开启方式划分，隔离开关的结构形式主要有单柱垂直伸缩式、双柱水平旋转式、双柱水平伸缩式、三柱水平旋转式四种。

　　隔离开关的选型布置与配电装置的形式有关，直接影响配电装置的占地和结构。如母线用单柱式隔离开关，可直接布置在母线下方，以缩小配电装置的纵向尺寸，节省占地。反之，母线用双柱水平旋转式隔离开关，则要求有较大的空间距离，增加了配电置的隔离宽度，在连接母线时又需要一定的纵向尺寸，从而增加了配电装置的占地。图 5 - 16 所示为 500kV 垂直伸缩式和水平伸缩式两种超高压隔离开关。

(a)　　　　　　　　　　　(b)

图 5 - 16　两种 500kV 超高压隔离开关
(a) 垂直伸缩式；(b) 水平伸缩式

　　图 5 - 17 所示为 1000kV 户外敞开式隔离开关，主要应用于特高压串联补偿装置中。传统的三柱水平旋转式结构中间瓷柱承受较大的扭转，操作不当可能导致损坏或断裂。这种特高压敞开式隔离开关的三柱水平旋转式结构的导电管设计为两步动作方式，先在水平方向转动，当动触头进入静触座被挡住后，翻转机构带动导电管自转，动触头即与静触头可靠接触，所需操作功较小，对支柱绝缘子横向的操作冲击力较小，并且实现了触头的自清扫，具

体动作过程如图 5-18 所示。

图 5-17　1000kV 户外敞开式隔离开关

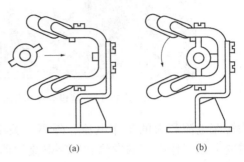

图 5-18　1000kV 户外敞开式隔离开关
自转式触头动作过程
（a）合闸过程；（b）合闸位置

　　GIS 中的隔离开关由于分、合闸的速度较慢，在 SF$_6$ 气体中经常会发生重复击穿而产生特快速瞬态引起的过电压，通常称为特快速暂态过电压（VFTO）。这种过电压振荡频率很高、波前很陡，也称为陡波前过电压。其幅值虽然不高（一般不超过 2.0 倍，有时可达 2.5 倍），但因为频率高而过电压波头上升的陡度大，无间隙金属氧化物避雷器（MOA）也很难保护，使连接在 GIS 母线上绕组类设备（如变压器）的绕组上电压分布极不均匀，从而可能损坏其匝间绝缘。另外，还可能造成 GIS 外部的特快瞬态过程，如产生 GIS 瞬态外壳电压，导致瞬态地电位升高，有可能对变电站的控制、保护和其他二次设备产生电磁干扰。这种陡坡对 GIS 内部加工精度和清洁度不足的部位，也容易引起绝缘击穿，各国都出现过不少这样的事故。为了降低这种威胁，意大利、日本和中国特高压 GIS 的隔离开关上，都装设了分、合闸时串入的电阻（阻值 500Ω）。试验证明，这种方法可以将过电压倍数降低到 1.2 以下。在分、合闸时串入电阻的隔离开关动作原理如图5-19 所示。

　　从图 5-19 中可以看到，电阻安装在隔离开关静触头的屏蔽罩上，开关从合闸状态 [如图 5-19（a）所示]、开始分断 [如图5-19（b）所示] 到分断中间 [如图 5-19（c）所示]，在动触头与静触头屏蔽罩之间产生电弧，静触头屏蔽罩上的

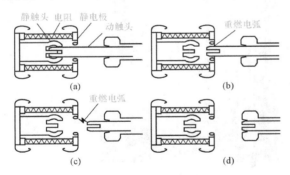

图 5-19　在分合闸时串入电阻的隔离开关动作原理
（a）合闸状态；（b）开断开始状态；
（c）开断中间状态；（d）断开状态

电阻自然就串联在回路中；合闸时的次序相反，电阻也是在完全关合前接入的，由于电阻的投入，重复击穿产生的 VFTO 得到了大幅衰减。

　　四、特高压避雷器

　　特高压避雷器安装在变电站主要电气设备附近，用来限制雷电和操作过电压，以起到保

护特高压变电站电气设备的作用。避雷器的保护特性直接影响着变电站设备冲击绝缘水平和空气间隙距离的选取，是变电站绝缘配合的基础。同时，避雷器与高压电抗器和断路器合闸电阻一起，起到限制输电线路过电压水平的作用，直接影响输电线路塔头空气间隙距离的选择，是输电线路绝缘配合的基础。

对于特高压来说，由于电压很高、设备体积庞大，给运输带来困难，提高特高压避雷器的性能（即降低避雷器的保护水平），可进一步降低设备的冲击绝缘水平，以减小设备尺寸和降低工程造价。同时，在限制过电压时，通过避雷器的能量与电压的二次方成正比，也要求避雷器的通流能力加大。可见，与其他电压等级的避雷器相比，特高压避雷器对决定变电设备和输电线路的绝缘水平有更重要的作用。

我国特高压避雷器采用无间隙金属氧化物避雷器（MOA）。特高压避雷器按结构分有瓷套式和罐式两种，其外形如图 5-20 所示。

(a)　　　　　　　　　　　　　　　(b)

图 5-20　特高压避雷器外形
(a) 瓷套式避雷器；(b) 罐式避雷器

（一）瓷套式避雷器

与常规超高压交流避雷器相同，瓷套式特高压交流避雷器的整体结构为立柱式。考虑到制作、加工、安装和运输等因素，特高压避雷器一般由几个单元节串联构成，并安装有均压环。每个单元节主要有氧化锌电阻片芯体和瓷外套组成。

我国首个特高压交流试验示范工程用避雷器的高度均在 12m 以上，外套最大伞径达到了 750～890mm，总质量可达 10t 以上，并安装在支架上。以上特点使其均压和机械强度问题突出。

对于 1000kV 特高压避雷器，有关技术规范要求避雷器电位分布不均匀系数小于 1.15。从设备厂家的研究结果看，采用均压环并加装均压电容后，电位分布不均匀系数约为 1.0～1.1。

（二）罐式避雷器

与瓷套式避雷器不同，罐式避雷器是将氧化锌电阻阀片芯体安装在密闭的钢筒中，为单体结构。由于罐式避雷器内部尺寸很小，要求尽量采用高梯度电阻阀片，以减小芯体的尺寸，同时每柱电阻阀片在空间上采用 3 柱螺旋结构，如图 5-21 所示。为实现空间上的螺旋结构，需要使用绝缘垫板，且绝缘垫板的电气性能（尤其是绝缘强度）和机械性能要求均极高。

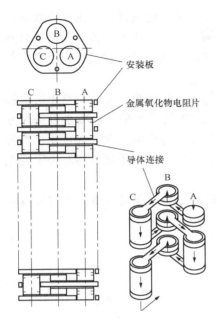

图 5-21　罐式特高压避雷器阀片
3 柱螺旋结构

另外，罐式避雷器高度达 4.6m，由于运输道路环境的限制，不能采用常规的立式运输方式，需采用水平运输方式进行运输。为此，采用将避雷器的电阻阀片柱放入绝缘管内的结构。高强度的绝缘管对电阻阀片柱有着非常好的支撑作用，避免了固定电阻阀片的绝缘棒由于自重和振动承受过大的负荷。高强度的绝缘管也使避雷器内部其他零部件可耐受更高的振动冲击，从而保证避雷器在水平运输时能保持稳定的内部结构，性能不会发生变化。

特高压避雷器的性能参数主要包括额定电压、保护特性、吸收能量和工频耐受特性等。

1. 额定电压

额定电压是表征避雷器特性的一个重要参数，并通过作负载试验的验证。通常避雷器的额定电压取安装处的工频暂时过电压，在 500kV 和 750kV 变电站，线路侧按 1.4p. u.、母线侧按 1.3p. u. 选取。对于 1000kV 特高压工程，为了进一步降低系统过电压水平，采用断路器联动方式，使线路侧工频暂时过电压的持续时间缩短到 0.2s（考虑了断路器拒动而后备保护跳闸的情况）；同时鉴于特高压避雷器具有良好的工频耐受特性，因此，在 1000kV 特高压工程中避雷器额定电压的选取突破了传统的选择原则，线路侧避雷器的额定电压选用与母线侧避雷器相同的值，即 828kV。

2. 保护特性

避雷器的保护特性是限制过电压水平的关键，保护水平越低，限压效果越好。但避雷器的参考电压值限制了避雷器的保护特性不能过低，因此，需要进一步降低电阻片的压比（标称放电电流下的残压与参考电压之比）。为此，1000kV 特高压避雷器采用大直径电阻片（$\geqslant \phi 100mm$）和 4 柱并联结构，与单柱结构相比，压比降低约 9%。

3. 吸收能量

避雷器是过电压限制器，在操作和雷电过电压下需要吸收一定的能量，并保证不损坏。避雷器吸收能量与系统参数、过电压类型、过电压幅值、波形和持续时间有关，需要通过仿真计算确定。

以特高压交流试验示范工程为例，操作过电压仿真结果表明，在大多数操作过电压下避雷器吸收能量较小，只有当系统发生振荡解列时，避雷器吸收的能量较大，最大吸收能量为 27MJ。

4. 工频耐受特性

为进一步降低特高压输电线路的绝缘水平，要求避雷器能够耐受一定时间和一定幅值的工频暂时过电压，以满足变电站线路侧避雷器的额定电压选择与母线侧相同，即 828kV（有效值）。为此，要求避雷器至少能够达到耐受 1.1 倍避雷器额定电压值的工频暂时过电压的时间不少于 1s。

1000kV 避雷器的主要性能参数见表 5-2。

表 5-2   1000kV 避雷器的主要性能参数

项　目	参　数
避雷器额定电压（kV）	828
工频参考电压（kV，有效值）	≥828
直流 8mA 参考电压（kV）	≥1114
持续运行电压（kV，有效值）	638
标称放电电流（kA）	20
1/10μs，20kA 下，陡波冲击残压（kV）	≤1782
8/20μs，20kA 下，雷电冲击残压（kV）	≤1620
30/60μs，2kA 下，操作冲击残压（kV）	≤1460
两次操作动作吸收的总能量（MJ）	≥40

五、特高压支柱绝缘子及套管

（一）特高压支柱绝缘子

特高压变电站，特别是敞开式配电装置中，要用许多支柱绝缘子。相对超高压工程而言，特高压工程要求支柱绝缘子的机械弯曲破坏负荷高、耐地震能力强，因而需要较高的制造水平。在首个特高压交流试验示范工程中，支柱绝缘子还承担了串联补偿平台的绝缘支撑作用，这是国际上直径最大、质量最大的支柱绝缘子产品，也是生产难度最大的棒形支柱产品。特高压支柱绝缘子主要采用支柱瓷绝缘子，其主要尺寸特性及技术参数见表 5-3。

表 5-3   支柱绝缘子主要尺寸特性及技术参数

序号	技术参数	保证值
1	雷电冲击耐受电压（干，峰值）（kV）	≥2400
2	操作冲击耐受电压（湿，峰值）（kV）	≥1800
3	工频耐受电压（湿，方均根值）（kV）	1100
4	结构高度（mm）	10000
5	爬电距离（mm）	30250
6	平均直径（mm）	320
7	额定弯曲破坏负荷（kN）	16
8	额定扭转破坏负荷（kN·m）	10
9	在 kV 电压下无线电干扰电压（μV）	≤500
10	污秽等级	d 级
11	爬电比距（mm/kV）	≥25
12	干弧距离（mm）	≥8100

在电气特性方面，支柱绝缘子主要有污耐压、可见电晕电压和无线电干扰电压上的要求。支柱绝缘子污秽外绝缘设计应满足 d 级污秽等级；采用合理的均压装置后，支柱瓷绝缘子应满足在 $1.1 \times 1000/\sqrt{3}$ kV 电压下、户外晴天夜晚无可见电晕；在 700kV 试验电压、1MHz 测量频率下，其无线电干扰试验电压不大于 $500\mu V$。

（二）特高压套管

套管按电力设备的主绝缘材料可分为瓷套管和复合套管两类；按结构形式可分为电容式和非电容式套管两类；按使用场所可分为变压器、电抗器、GIS、断路器、电缆终端、互感器、避雷器等设备用的套管；按安装位置和运行状态可分为户内、户外套管两类；按安装方式可分为垂直、倾斜和水平安装三类套管。我国 1000kV 交流套管分别使用了瓷套管和复合套管，主要使用在户外变压器、电抗器、GIS、断路器、互感器和避雷器等电力设备上，安装方式有垂直、倾斜两类。

我国早期电力设备的套管绝大多数使用了瓷套管，其制造工艺有整体型和有机、无机粘接型。特高压交流试验示范工程电力设备上使用瓷套管的结构高度和直径均比 500kV 套管大 1 倍以上，属于特大型空心绝缘子，同时要求制造工艺采用无机粘接。这些都对套管的制造技术提出了更高的要求。在特高压交流试验示范工程荆门变电站，GIS 外绝缘采用了 3 只我国自主研发的 1000kV 复合套管。几种安装在现场的 1000kV 套管如图 5-22 所示。

(a)　　　　　　　　　　　(b)　　　　　　　　　　　(c)

图 5-22　几种安装在现场的 1000kV 特高压套管
(a) GIS 瓷套管；(b) GIS 用复合套管；(c) 变压器用油纸绝缘套管

电气特性方面，特高压交流试验示范工程中使用的瓷套管，其污秽等级为 d 级，爬电比距不小于 25mm/kV，最小伞距不小于 80mm。电抗器套管的额定电流为 800A，变压器套管的额定电流为 2500A，开关类套管的额定电流为 4000A。

机械性能方面，特高压套管的长度超过了 10m，最长可能达到 15m。要求其机械性能不仅要满足正常环境的需要，还需满足特殊运行工况以及运输、吊装等的需要。

六、特高压电压互感器与电流互感器

电压互感器是将一次侧高电压变为二次侧低电压，供测量仪表、继电保护和控制装置使用的变压设备，并起到隔离一、二次侧高、低压电路的作用。按工作原理可分为电磁式电压互感器、电容式电压互感器以及最新的电子式电压互感器等几类。

电流互感器是把一次侧大电流变为二次侧小电流，供测量仪表、继电保护和控制装置使用的变流设备。电流互感器的一次绕组通常与需要测量电流的一次侧电路串联，二次绕组与测量仪表、继电保护和控制装置的电流线圈连接。电流互感器也起到隔离一、二次侧高、低压电路的作用。

总之，互感器是高压和低压、大电流和小电流，即一次和二次的桥梁，在电力系统中为计量、保护和监控等的正常进行发挥着不可或缺的作用。

（一）特高压电压互感器

特高压变电站中主要使用电容式电压互感器（CVT），按结构又可分为敞开柱式和封闭

罐式两类，也有使用电磁封闭罐式电压互感器的。我国特高压交流试验示范首期工程采用的是敞开柱式 CVT，在其扩建工程中采用了 SF$_6$ 气体绝缘金属封闭式电压互感器——电磁封闭罐式电压互感器（罐式 TV），在后续交流特高压工程中，一种新型罐式电容式电压互感器（罐式 CVT）已完成研制，并已在皖电东送工程中使用。

柱式 CVT 主要由电容分压器、中压变压器、补偿电容器、阻尼器等部分组成，后三部分总称为电磁单元。柱式 CVT 的主绝缘部分是耦合电容分压器，耦合电容分压器由多个电容元件串联而成，电压分布比较均匀。从工程安全可靠的角度考虑，敞开式变电站选择柱式 CVT 比较适合。中国特高压敞开柱式 CVT 如图 5-23 所示。

罐式 TV 为绕组类设备，它利用电磁感应原理将一次电压按比例变换为二次电压，采用聚酯薄膜和 SF$_6$ 气体作为绝缘介质，主要用于 GIS 变电站。中国特高压罐式 TV 如图 5-24 所示。

图 5-23　我国特高压敞开柱式 CVT

罐式 CVT 是由我国电力科学研究院研制的一种新型电压互感器，如图 5-25 所示。其基本原理与柱式 CVT 相同，与柱式 CVT 最大的区别在于电容分压器的结构不同。罐式 CVT 的分压器主绝缘采用的是绝缘性能可恢复的 SF$_6$ 气体，高压臂电容为同轴圆柱体结构。

图 5-24　我国特高压罐式 TV

图 5-25　我国特高压罐式 CTV

不同类型特高压电压互感器的技术参数见表 5-4。

表 5-4　　　　　　　　　　不同类型特高压电压互感器技术参数

类型	工程应用情况	额定电压比	准确度等级	二次负荷	额定电容量
特高压柱式 CVT	已用于特高压工程	1000//0.1/ 0.1//0.1//0.1kV	0.2/0.5/0.5 (3P)/3P	15/15/15/ 15VA, $\cos\varphi=1$	5000pF
特高压罐式 CVT	已用于特高压工程			10/10/10/ 10VA, $\cos\varphi=1$	500pF
特高压罐式 TV	已用于特高压工程	1000/0.1/ 0.1//0.1/kV	0.2/0.5 (3P)/3P	30/30/30VA, $\cos\varphi=0.8$	—

在电力系统出现了一种新型的电子式电压互感器（EVT），相对于传统电压互感器，EVT

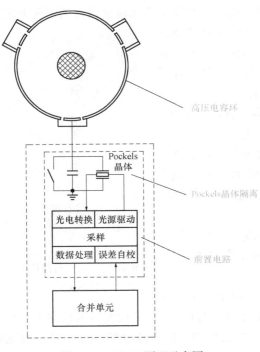

图 5 - 26　EVT 原理示意图

具有绝缘结构简单、无磁饱和、体积小、输出信号可直接与微机化计量及保护设备接口等优点。用于特高压工程中的 EVT 宜采用电容分压结构，中压信号通过普克尔斯（Pockels）晶体隔离，其原理如图 5 - 26 所示。

（二）特高压电流互感器

敞开式超高压变电站中，常用油浸式电流互感器，有电容型结构和链型（"8"字形）两种。

我国特高压交流输电工程采用的电流互感器（TA）为 GIS 套装式结构，特高压 GIS/HGIS 中的 TA 分内置式和外置式两种结构。一次绕组为穿心式，即一次侧仅有一匝，根据工程需要，每个二次绕组可设置若干抽头。

内置式 TA 的单个绕组在绕制完成后通常用环氧树脂进行整体浇注，可防止绕组中残留的水分及杂质进入气室而影响绝缘性能。内置式 TA 的绕组，放置在金属壳体内，安装并固定在内屏蔽筒上。在特高压 GIS/HGIS

中，由于绝缘水平更高，屏蔽桶直径较大，造成绕组（特别是 TPY 级）的直径和质量均超过常规产品很多，因此内屏蔽筒体需要有良好的承载能力。

外置式 TA 的绕组处于 GIS/HGIS 壳体外部，与内置式 TA 相比，外置式 TA 的绕组与空气直接接触，绕制后外表需要进行防腐防潮处理，而不必整体浇注环氧树脂。另外，外置式 TA 不必设计专用的内屏蔽筒，也不需要为 TA 的绝缘做特殊设计，与母线结构保持一致可满足要求。

额定一次电流是电流互感器的设计依据，从电力系统规划来看，对于 3/2 断路器接线方式，1000kV 断路器的穿越功率按每回 1000kV 线路的自然传输功率 5000MW 考虑，一台断路器检修时，穿越一台 1000kV 断路器的功率将达到两倍的自然功率，此时断路器、隔离开关及电流互感器（TA）的额定电流可达 6300A。

特高压交流试验示范工程一次侧选择的计量用 TA 变比为 6000/1，抽头 3000/1 及 1500/1，保护用 TA 变比为 6000/1，抽头 300/1。对于设备 TA，除一次侧外，还有中压侧及低压侧，变比选择可根据容量折算及保护（如差动保护）需要进行配置。

目前特高压交流工程采用的 TA 都是安装在 GIS 上的电磁式 TA，存在体积和质量大（一组 TA 的质量超过 1t），造价贵，铁芯易饱和等缺点。采用新型传感器的特高压电子式电流互感器（ECT）正在研制中，与电磁式 TA 相比，ECT 具有很多优点。如绝缘结构简单、绝缘性能优良；不含铁芯，可消除磁饱和、铁磁谐振等问题；一次、二次间只存在光纤联系，抗电磁干扰性能好；不存在低压侧开路产生高压的缺点；动态范围大、测量精度高、频响范围宽；适应智能化要求；体积小、质量轻等。此外，电流互感器与电压互感器组装在同一外壳内的组合式互感器和光电式电流互感器也在发展中。

课题三　特高压换流站电气主接线及换流阀

换流站是具有整流、逆变功能或同时具有整流和逆变功能的直流系统设施。特高压换流站是指电压等级在±800kV及以上的直流换流站。随着特高压直流输电技术的发展，±800kV换流站的设计与建设已比较成熟，在工程中所取得的技术成果可指导更高直流电压等级的换流站设计与建设。

换流站按照功能区域可以分为阀厅与控制楼区域、换流变压器区域、直流场区域、交流场区域。阀厅与控制楼采用整体建筑结构。阀厅里的设备主要有换流阀、相关的开关设备、过电压保护设备以及火灾报警装置等。控制楼布置有通信设备、控制保护设备、直流电源和阀的冷却设备等。换流变压器区域主要布置有换流变压器及其消防装置。直流场区域的设备有平波电抗器、直流滤波器、直流避雷器、直流测量装置，以及用于运行方式转换和故障清除所需的直流开关设备。交流场区域主要包括交流侧开关设备、交流滤波器及无功补偿装置、交流避雷器、交流测量装置等。

一、特高压换流站电气主接线及电气总平面布置

（一）特高压换流站直流电气主接线

换流站的电气主接线要满足直流输电系统运行方式的要求，保障运行的安全可靠性、灵活性与经济性，方便运行人员操作检修。±400～±660kV的高压直流输电工程的电气主接线采用每极一个12脉动换流器单元，而我国典型的特高压换流站的电气主接线每极采用双12脉动换流器单元串联。

特高压换流站典型的直流电气主接线如图5-27所示。

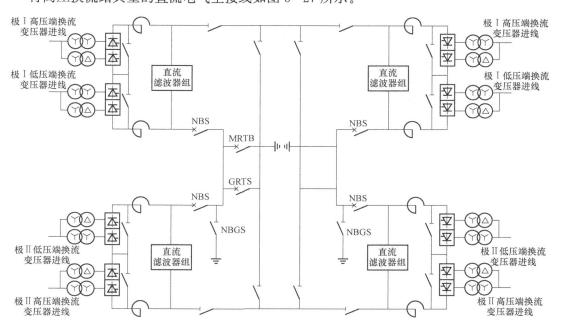

图5-27　特高压换流站典型的直流电气主接线

我国±800kV特高压换流站电气主接线采用双极、每极（400+400）kV的双12脉动换流器串联接线方案，换流站共4组12脉动换流器单元（简称换流器单元），靠极母线的2组称为高压端换流器单元，靠中性线的2组称为低压端换流器单元。每个换流器单元配置一组并联旁路断路器。每站每极中任何一个12脉动换流器退出运行，都不影响剩余换流器的工作，构成不完整极继续运行。

换流变压器通常采用单相双绕组变压器，全站共（24+4）台换流变压器。每极12台变压器，每个换流单元的6台变压器分别接成Y/Y和Y/△接线组别。每种绕组接线组别的高端及低端变压器都设有备用变压器，全站共4台备用变压器。

直流场包括极母线、中性母线、平波电抗器、直流滤波器、直流开关设备、直流测量装置、避雷器及其他相关设备。平波电抗器一般采用多台干式结构，分两组串接在极母线和中性母线上。在每极直流极母线和中性母线之间装设有两组双调谐或一组三调谐直流滤波器，主要用于消除直流侧的特征谐波和影响通信的高次谐波，同时兼顾抑制直流侧谐振的作用。当装设两组直流滤波器时，一般在滤波器高、低压侧分别配置一组共用的隔离开关和接地开关。在中性线侧装设有冲击电容器，与直流滤波器配合使用以消除谐波。此外，直流场还配有直流断路器用于运行方式的转换和故障的清除。在有融冰需求的特高压直流工程中，还可切换成2个12脉动阀组并联对直流线路融冰的接线方式。

（二）特高压换流站交流电气主接线

特高压换流站交流侧（网侧）一般采用3/2断路器的接线方式，将特高压换流站与交流500kV或以上电压等级电网连接。对于接入500kV交流电网的特高压直流工程，交流场多采用GIS。换流变压器进线及交流进线回路一般直接接入3/2断路器母线接线串中。交流滤波器组用于消除换流器产生的谐波以及补偿换流站所消耗的无功功率。根据交流滤波器性能、无功补偿能力及交流电网电压波动要求，一般将交流滤波器及无功补偿电容器等无功补偿设备分为16~20个小组后再组成4~5个大组。每个大组作为一个电气元件接入3/2断路器母线接线串中，且每个大组设独立的交流母线。小组用断路器和隔离开关等设备接至大组母线上。小组断路器一般采用户外敞开式断路器，并具有投切相应电容电流和耐受较高工频恢复过电压的能力。特高压换流站典型的交流电气主接线如图5-28所示。

（三）特高压换流站电气总平面布置

按照功能区域划分，换流站可分为阀厅与换流变压器区域、直流场区域、交流场区域和交流滤波器区域。特高压直流换流站典型布置如图5-29所示。

根据图5-29可以看出其电气总平面布置如下。

（1）阀厅布置。每个12脉动阀组由2个6脉动阀串联组成，1个6脉动阀每相由2个换流阀臂串联，每相2个阀臂紧密串联连接在1个阀塔上组成二重阀，每个12脉动阀组安装在1个阀厅内，全站共4个阀厅。每极设高、低压阀厅各1个，面对面布置。两个极的低压阀厅背靠背布置。

（2）换流变压器布置。采用典型的换流变压器阀侧套管直接插入阀厅的紧邻阀厅布置方式，阀侧套管插入阀厅后，在阀厅内部完成连接。每个阀厅对应的6台单相双绕组换流变压器之间用防火墙隔开，成一字形排列布置于阀厅外。每极的高、低端换流变压器采用背靠背布置，可以有效降低噪声。

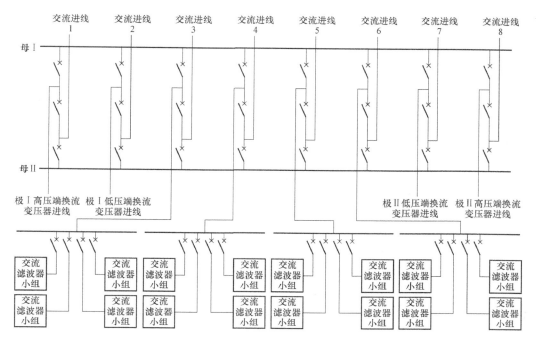

图 5-28　特高压换流站典型的交流电气主接线

图 5-29　特高压换流站典型布置

①—高压阀厅；②—低压阀厅；③—换流变压器；④—直流场；⑤—交流滤波场；⑥—户内 GIS

（3）直流场布置。户外直流场按极对称布置，直流中性点设备布置在直流场的中央，直流极母线设备布置在直流配电装置的两侧，每极 2 组直流滤波器组布置在直流中性点设备和直流高压极线设备之间。

（4）交流场和交流滤波器布置。500kV 配电装置采用户内 GIS 配电装置布置，500kV 交流滤波器配电装置的 4 大组交流滤波器及电容器组按田字形布置。

二、特高压换流阀及阀控系统

（一）特高压换流阀

换流阀是高压直流系统的核心设备，其主要功能是把交流转换成直流或实现逆变换。直流输电中使用最广泛的是晶闸管换流阀，晶闸管的触发方式有电触发和光触发两种，多数直流工程采用电触发晶闸管。向上、锦苏等特高压工程直流电流提高到 4kA 以上，采用的晶闸管元件均为 6 英寸电触发晶闸管。

1. 特高压换流阀结构

我国典型的特高压直流工程换流阀采用空气绝缘、水冷却、悬吊式结构，单极每端包括两个串联的 12 脉动桥。每个 12 脉动桥额定电压是 400kV，由两个串联的 6 脉动桥组成。每个 6 脉动桥换流阀为双重阀结构，双重阀悬吊于阀厅顶部。每个特高压换流站共需要 24 个双重阀，其中，12 个布置在 2 个高压阀厅内，12 个布置在 2 个低压阀厅内。±800kV、4000A 双重阀阀塔如图 5-30 所示。

每个双重阀的阀臂由数个阀组件构成。每个阀组件由多个晶闸管和紧靠它们的触发控制单元、均压回路及阳极饱和电抗器等组装在一起构成，阀组件结构示意图如图 5-31 所示。

阀组件中最主要的工作元件是晶闸管元件，晶闸管元件、触发控制单元、阻尼回路一起组成晶闸管级。晶闸管级是换流阀最基本的功能单元，典型的晶闸管级示意图如图 5-32 所示。

图 5-30　±800kV、4000A 双重阀阀塔

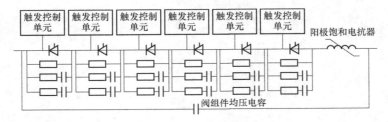

图 5-31　阀组件结构示意图

2. 换流阀电气性能

换流阀电气性能包括电流耐受能力和电压耐受能力两种。

（1）电流耐受能力。换流阀应具有承担额定电流、过负荷电流及各种暂态冲击电流的能力。换流阀电气回路中一般不考虑采用晶闸管元件并联的设计。

对于由故障引起的暂态过电流，换流阀应能承受直流系统存在的后续闭锁及甩负荷等各种可能出现工况下的短路电流。特高压直流工程换流阀耐受短路电流一般为 50kA。

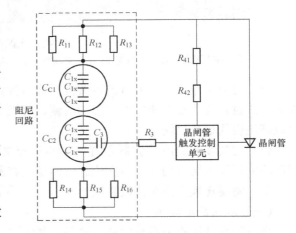

图 5-32　典型的晶闸管级示意图

（2）电压耐受能力。电气设计中应充分考虑换流阀在各种冲击电压作用下沿晶闸管串联回路的电压不均匀分布情况、过电压保护水平的分散性以及阀内其他非线性因素对阀的耐压能力的影响。在最大设计结温并且在所有冗余晶闸管级数都损坏的条件下，单阀和多重阀的操作、雷电、陡波等各项绝缘水平均应具有不小于 10%～15% 的安全系数。

在最大设计结温条件下，当逆变侧换流阀处在换相后的恢复期时，晶闸管还应当能耐受相当于保护触发电压水平的正向暂态电压峰值。

换流阀正、反方向过电压的主要保护元件是避雷器，每一个单阀都由一个无间隙氧化锌避雷器保护。

在向上特高压直流工程中，换流阀每个单阀的直流额定电压为 200kV，空载直流电压 U_{dioN} 为 230kV，单阀的操作绝缘水平为 450kV，雷电绝缘水平为 425kV，上 12 脉动桥直流母线对地绝缘水平为 1600kV（操作）/1800kV（雷电）。

此外，晶闸管换流阀应能在 30% 交流系统额定电压及系统动态过电压等各种交流系统故障状态下运行。换流阀还应能承受的交流系统故障有交流侧和直流侧的接地故障、晶闸管换流阀短路等故障。

（二）特高压换流阀控制系统

换流阀控制系统是换流阀的重要组成部分，它的主要功能是执行直流控制保护系统的触发脉冲指令，同时监控换流阀设备运行工况，保护设备安全运行。其主要包括阀基电子设备和晶闸管触发控制单元。

阀基电子设备在高压直流输电工程中连接上层控制保护系统和换流阀的中间设备，可以看作是上层控制保护系统的快速远程 I/O 终端；根据上层控制保护系统的命令触发换流阀，并且根据所监测的换流阀运行状态信息，对换流阀进行相应的保护。阀基电子设备原理如图 5 - 33 所示。

图 5 - 33　阀基电子设备原理

在直流输电系统正常投入运行或者系统试验需要时，阀基电子设备根据上层控制保护系统解锁换流阀，接收上层控制保护系统下发的换流阀触发指令，并对该指令进行解码和重新编码后发送至位于换流阀上的晶闸管触发监测单元。直流输电系统正常或者故障停运时，阀基电子设备按照上层控制保护系统进行换流阀闭锁和投旁通对操作，闭锁换流阀后，停止向换流阀发送触发脉冲，投旁通对时向上层控制保护系统选定的单阀发送触发脉冲。

当换流变压器充电，并且换流变压器阀侧电压满足换流阀晶闸管触发监测单元取能要求后，阀基电子设备实时监测换流阀每个晶闸管级的运行状态。当检测到异常状态时，采取相应的保护措施。除了监测晶闸管的运行状态信息，阀基电子设备还可监测阀避雷器动作状态和阀塔漏水状态，此两项功能作为辅助功能，有时不包括在阀基电子设备的监测范围内。

　　阀基电子设备为完全独立的双冗余系统，一套处于运行状态，另一套处于热备用状态。它应具有完善的自检和保护功能。阀基电子设备通常还具备多种工作模式，如上电预循检、单级测试、低压加压和正常工作模式等。

　　换流阀晶闸管的触发方式有光直接触发式和电触发式，相应的阀基电子设备也分为两种。两种阀基电子设备的主要区别是传输的光功率不同。用于控制光直接触发式换流阀的阀基电子设备传输的光信号功率较大，此光信号经过分光器分光后直接触发晶闸管；控制电触发式换流阀的阀基电子设备传输的光信号功率较小，晶闸管触发监测单元收到此信号后，进行光电转换并放大处理后触发晶闸管。

　　晶闸管触发控制单元在高压直流输电工程中位于高电位的换流阀每个晶闸管级，能按照阀基电子设备命令提供足够陡度和幅度的能量触发晶闸管，使晶闸管可靠导通；在晶闸管出现各种异常电压时，能够保护触发晶闸管，以免晶闸管损坏；并将晶闸管状态及保护触发信号实时传送至阀基电子设备，阀基电子设备根据其回传的信号实现换流阀保护。晶闸管触发控制单元与阀基电子设备之间采用光纤进行信息传输，保证高电位与地电位之间的绝缘强度。换流阀触发控制单元原理如图 5-34 所示。

图 5-34　换流阀触发控制单元原理

　　晶闸管触发控制单元主要功能包括取能和储能、光电和电光转换、晶闸管正常触发监测、电流断续保护、晶闸管反向恢复保护、过电压保护等。

　　随着电子信息科学的快速发展，晶闸管触发控制单元从数字模拟混合电路发展成现在的大规模集成电路，集成度越来越高，可靠性也越来越高。未来正朝着智能化方向发展，智能化晶闸管触发控制单元的优势在于：①能够预测晶闸管级所有元件故障，使换流阀计划检修时间延长，简化和减少计划检修次数；②非计划检修可提前；③降低综合造价；④增强换流阀可靠性。

课题四　特高压换流站直流电气主设备

　　直流特高压换流站电气设备主要包括换流变压器、平波电抗器、直流及交流滤波器、直流及交流避雷器、直流支柱绝缘子及套管、直流开关设备、直流测量装置等。

一、特高压换流变压器

　　作为构成交流和直流的桥梁，换流变压器是换流站中重要的设备之一。其作用主要有以下 4 点。

　　（1）隔离交、直流系统，避免直流电压进入交流系统；

　　（2）提供换流阀所需的可控交流电压；

（3）用于对 12 脉动换流阀的两个串联 6 脉动阀桥提供相差 30°电气角的电源，除去 5 次及 7 次特征谐波；

（4）限制故障时的短路电流和控制换相期间换流阀电流的上升陡度。

（一）特高压换流变压器的特点

换流变压器与交流变电站中变压器相比有很多不同特点，如短路阻抗较高、需要耐受直流电压和极性反转的作用、较高的耐受谐波电流能力、较大的短路电流耐受能力、较大的有载调压范围等。

1. 短路阻抗

换流变压器的阻抗通常高于交流变压器，这不仅是为了根据换流阀承受短路的能力限制短路电流，也是为了限制换相期间阀电流的上升率。但短路阻抗太大会增加无功损耗和无功补偿设备，并导致换相压降过大。短路阻抗一般为 15%～18%，向上特高压直流工程中复龙换流站的短路阻抗为 18%，奉贤换流站的为 16.7%。

随着直流输电电压的提高，单台换流变压器容量进一步增大，由于制造的原因以及大件运输的限制，短路阻抗最大可能会上升到 23%。此外，换流变压器各相阻抗之间的差异必须保持最小（一般要求不大于 2%），否则将引起换流变压器电流中的非特征谐波分量的增大。

2. 交、直流电压耐受能力

换流变压器阀侧绕组既要承受交流电压产生的应力，又要承受直流电压产生的应力，还需考虑极性反转，这都使换流变压器的绝缘结构比交流变压器更加复杂。

交流变压器的主绝缘设计是基于薄纸筒、小油隙理论，即在交流电场中油起主要的绝缘作用，纸筒的作用是分隔油隙。在油纸筒绝缘结构中，交流电场按照容性分布规律分布在这两种介质中，即介电常数大的绝缘介质承受较小的交流场强，而介电常数小的绝缘介质承受较大的交流场强，而一般变压器油的介电常数约为绝缘纸板的一半，因此变压器油中的交流电场强度约为绝缘纸板中的一倍。如果纸筒厚度大会进一步引起变压器油中场强的提高，所以纸筒厚度比较薄，质量也比较小。

在换流变压器中，由于存在直流电场，油纸筒主绝缘中的直流电压分布取决于二者的电阻率，即所谓电阻分布，电阻率大的绝缘介质中承受较大的直流电场强度，电阻率小的绝缘介质中承受较小的直流电场强度。由于绝缘纸的电阻率远大于变压器油的电阻率，绝缘纸筒中的场强较高而承担了大部分电压，因此需要更多的绝缘纸板。所以，阀侧绕组要被多层纸板筒和角环所包绕，主绝缘中纸板筒的厚度和用量远大于交流变压器。同样，阀侧引线处的绝缘件数量也有所增加，出线装置要综合考虑交流场、直流场、极性反转场等因素，比交流变压器更复杂。

另外，由于阀侧绕组在运行过程中长期承受直流电压的作用，所以在选择阀侧套管时，要使套管在直流电压作用下的爬距满足一定的要求，以免影响换流变压器的运行，因此阀侧套管比交流侧套管长得多。

3. 谐波电流耐受能力

换流变压器运行时存在大量的特征谐波和非特征谐波电流，使变压器杂散损耗增大、某些金属部件和油箱产生局部过热；数值较大的谐波磁通引起的磁滞伸缩噪声处于听觉较灵敏的频段，必要时须采取更有效的降噪措施，如箱式隔声装置（Box-in）。

4．直流偏磁电流耐受能力

由于直流系统的独特性以及交直流系统相互作用的影响，换流变的负载电流中将产生直流分量，具体原因主要有触发角不平衡、换流站地电位升高、直流输电线与交流输电线相邻、交流侧母线含有正序二次谐波电压等。在直流分量电流和交流励磁电流的共同作用下，直流和交流励磁磁通相叠加，换流变的励磁磁通工作中点不再是磁通过零点，而是偏向磁通轴的一侧，与直流偏磁方向一致的半个周期的磁通密度增加，另外半个周期的磁通密度则相应减小，对应的励磁电流波形呈现正负半波极不对称的形状。

换流变压器中存在直流偏磁电流，使其损耗、温升及噪声都有所增加，直流输送功率受损。特高压换流变压器设计时直流偏磁电流一般可按 10A 考虑。

5．短路电流耐受能力

由于故障电流中存在直流分量，换流变压器承受的最大不对称短路电流衰减时间较长，会保持在比较高的水平，直到保护动作。短路电动力与短路电流幅值的二次方成正比，短路电动力施加在绕组和引线支撑结构上，要求换流变压器能承受较大的短路应力。另外换流阀的换相失败也会使换流变压器遭受更多的电动力冲击。

6．有载调压范围

换流变压器有载调压范围大，以保证电压变化及触发角运行在适当范围内。尤其是直流降压运行时，正分接档数最高达 20 档以上，向上特高压直流工程中换流变压器调压范围为（－5～＋23）×1.25％。

（二）特高压换流变压器的结构

由于特高压换流变压器容量大、阀侧绝缘水平高，一般采用单相双绕组方案，铁芯为单相 4 柱式结构，中间两个或三个主柱上套绕组，外边两个旁柱作为磁通回路，不套绕组。两个主柱上的绕组在电气上并联连接，单相 4 柱式换流变压器的绕组如图 5 - 35 所示。

换流变压器绕组结构示意图如图 5 - 36 所示，绕组结构排序为铁芯—调压—网侧—阀侧，两个阀侧绕组首末端分别通过阀侧出线装置并联在一起，两个网侧绕组首端通过引线接在一起，末端连接到调压绕组再通过有载调压开关连接后，通过开关的接线端子引出后并联在一起引向中性点。这种结构更便于安排阀侧绕组出线，在解决高压端换流变压器的设计结构方面作用十分明显，低压端换流变压器同样

图 5 - 35　单相 4 柱式换流变压器的绕组

采用了这种绕组排列顺序，使每极同相 4 台换流变压器的阻抗波动更加一致。

图 5 - 37 所示为单相两柱带旁轭的铁芯结构。铁芯采用板式夹件结构，上下铁扼为椭圆形截面而不是 D 形截面，布置有磁屏蔽设备用于吸收从端部溢出的漏磁通。铁芯芯柱及旁轭均用特殊的热缩性高强度绑带绑扎，上下铁轭由钢夹件夹紧。铁芯夹件及铁芯片分别从油箱专门的接地装置接地，可方便地在变压器外部进行绝缘电阻测量。

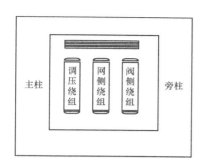

图 5-36　换流变压器绕组结构示意图

图 5-37　单相两柱带旁轭换流变压器的铁芯结构

　　当受到大件运输的限制时，特高压换流变压器也可采用单相 5 柱式结构，中间 3 个柱子上套绕组，外边 2 个旁柱不套绕组。3 个主柱上的绕组在电气上并联连接。特高压直流锦屏—苏南工程中，锦屏换流站采用的是这种结构的换流变压器。图 5-38 所示是向家坝—上海特高压直流输电工程的受端换流站——奉贤站所用换流变压器，图 5-39 所示是该工程首端换流站——复龙站的换流变压器。

图 5-38　奉贤换流站换流变压器

图 5-39　复龙换流站换流变压器

　　上述变压器的油箱采用桶式平箱盖结构，能承受 13.3Pa 真空压力和 98kPa 正压力的机械强度试验。箱壁内侧设置铝屏蔽（复龙换流站）或铜屏蔽（奉贤换流站）。

　　变压器的网侧套管在油箱顶部引出，阀侧 2 只直流套管均在变压器一端倾斜伸入阀厅。换流变压器外面设置箱式隔声装置（Box-in），Box-in 的板体与换流变压器统一设计，固定安装在变压器本体之上。冷却装置采用独立的冷却组件。冷却器位于防噪声装置外，以利散热。

　　网侧套管使用瓷质、油浸式套管，加装油位计；阀侧套管使用干式或充 SF_6 的套管，若为充 SF_6 的套管，加装有气体压力表。抽压分头及接地末屏设小套管引出。

　　（三）特高压换流变压器的主要技术参数

　　以向家坝—上海特高压直流输电工程的复龙换流站为例，换流变压器的主要技术参数如下：

　　额定容量：321.1MVA；

　　电压比：$\dfrac{550}{\sqrt{3}} / \dfrac{170.3}{\sqrt{3}}$kV，Y/Y（800、400kV 端）；

$\dfrac{550}{\sqrt{3}}$/170.3kV，Y/△（600、200kV 端）；

有载调压分接范围：（-5～+23）×1.25%；

短路阻抗：18%；

空载损耗：188kW；

负载损耗：646kW；

噪声限值：78dB（A）。

二、特高压平波电抗器

换流站中平波电抗器的主要作用有以下 6 种。

（1）限制直流电流的突变，减小换相失败的可能性；

（2）当直流线路故障时，在整流侧调节器的配合下，限制短路电流的峰值。同时，还可限制线路和装在线路端设备的并联电容通过逆变器放电的电流；

（3）和直流滤波器一起构成直流输电线路的谐波滤波回路，减小直流线路中电压和电流的谐波分量；

（4）防止由直流开关场或直流线路产生的陡波冲击进入阀厅，使换流阀避免遭受过电压损坏；

（5）能平滑直流电流中的纹波，避免在低直流功率传输时电流的断续；

（6）避免直流侧谐振。

（一）特高压平波电抗器的结构及特点

特高压直流输电工程采用空心户外式平波电抗器，自然冷却。单台绕组的额定电感为75mH（向上工程）或 60mH（锦苏工程）。每站每极共 4 台绕组，2 台绕组串联后分别串联接入极线回路和中性线回路，每极总电感量为 300mH（向上工程）或 240mH（锦苏工程）。复龙站±800kV 极线平波电抗器和中性母线平波电抗器分别如图 5-40 和图 5-41 所示。

图 5-40　复龙站±800kV 极线平波电抗器

图 5-41　复龙站中性母线平波电抗器

高压侧（极线侧）平波电抗器，可采用瓷质绝缘子竖直支撑方式，也可采用复合绝缘子倾斜 10°支撑方案。其瓷质绝缘子竖直支撑方案如图5-42所示，支撑部分采用 12 柱 12m 高瓷质绝缘子竖直支撑，每柱绝缘子由 6 节高 2m 的绝缘子组成。其中，每两节绝缘子被定义为一个单元，并在各单元之间使用刚性金属平台将各柱绝缘子固定。在绝缘子顶端与电抗器之间安装一个刚性不锈钢绝缘子顶端平台和 24 柱 800mm 高支座进行过渡支撑。支座上方安装电抗器本体。在电抗器绕组本体的上方、中部、下方以及内部设计有降噪装置，将电抗器完全包裹在其内部，可以起到降低噪声和防止雨淋的作用。高压侧电抗器绕组两端配备有安装避雷器的托架。另外，在平波电抗器的各高场强位置均装配电晕屏蔽环，防止其产生电晕，如图 5 - 42 所示。

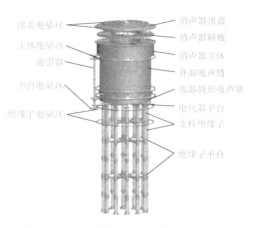

图 5 - 42　高压侧平波电抗器瓷质绝缘子
竖直支撑安装示意图

复合绝缘子倾斜支撑方案如图 5 - 43 所示，支撑部分采用 12 柱 12.27m 实心复合绝缘子倾斜 10°支撑，每柱由 5 节长度稍有不同的绝缘子组成，并在各绝缘子之间使用金属拉筋将各柱绝缘子固定。

低压侧（中性线侧）平波电抗器，无论是瓷质绝缘子支撑还是复合绝缘子支撑均采用竖直支撑方案，安装示意图如图 5 - 44 所示。

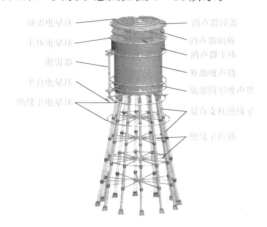

图 5 - 43　高压侧平波电抗器复合绝缘子
倾斜支撑安装示意图

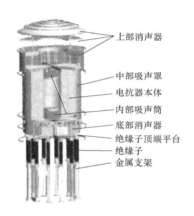

图 5 - 44　低压侧平波电抗器
安装示意图

与普通低压干式空心电抗器相比，特高压平波电抗器的电压高，单台容量大，采用 H 级全绝缘换位铝导线代替单丝圆铝线，降低了谐波损耗，提高了绝缘水平和可靠性。高压端和低压端采用相同结构并可以互换。

（二）特高压平波电抗器的技术要求

向上工程的平波电抗器额定直流电压为 800kV，额定直流电流 4000A，最大连续过负荷直流电流 4497A，允许在 4731A 过负荷运行 2h，允许在 5909A 过负荷运行 3s，暂态故障电流峰值 40kA。

最大连续电流下的稳态温升限值要求：当在户外使用时，最大连续电流 I_{mcc} 并加上谐波等效电流后的热点温升不超过 100K，平均温升不超过 80K。当在户内使用时，绝对平均温度与绝对热点温度应与户外使用时保持一致，在此条件下确定平均温升和热点温升。

除考虑日照、地面和建筑物反射外，还要考虑因噪声治理而引起的局部环境温度的升高。

噪声水平要求：平波电抗器投运后，在垂直投影 5m 远、距地面 2m 高的地方进行噪声测量，测量的噪声（声压级）水平不大于 70dB（A）。为此，分别在绕组本体装设了上、中、下全套降噪装置，使噪声（声压级）从 81.7dB（A）降低到 65.7dB（A）。

绕组端子间标称雷电全波冲击耐受水平 1175kV，操作冲击耐受水平 950kV；高压侧端对地雷电冲击耐受水平 1950kV，操作冲击耐受水平 1600kV；低压侧端对地雷电冲击耐受水平 550kV，操作冲击耐受水平 550kV。

绝缘的耐热等级要求：股间绝缘的耐热等级最低应为 H 级，匝绝缘的耐热等级最低为 F 级。

三、特高压换流站滤波器

（一）特高压直流滤波器

高压直流输电换流器在运行时，会在直流输电系统的直流侧产生谐波电压和谐波电流，从而在直流线路邻近的通信线上产生噪声。在直流输电系统安装合适的直流滤波器和平波电抗器、中性线接地电容，能够将谐波限制在可以接受的水平。此外，在特高压直流工程中，交流侧发生单相接地或相间短路故障时，通过换流器的渗透会导致直流侧发生低频二次谐振，可能需要装设相应的滤波支路，以抑制直流侧的二次谐振。

1. 特高压直流滤波器配置及结构

直流输电工程中直流滤波器配置方案通常采用：①在每极中性母线与地之间连接一台中性点冲击电容器，为经换流变压器绕组杂散电容对地的 3 次谐波电流提供低阻抗通道，从而抑制这些非特征谐波。②在换流站每极直流母线和中性母线之间并联两组双调谐或一组三调谐无源直流滤波器，当两站任一组直流滤波器故障退出运行时，仍能满足滤波要求。

高压直流滤波器的配置应充分考虑各次谐波的幅值及其在等值干扰电流中占的比重。理论上 12 脉动换流器在直流侧只产生特征谐波，特征谐波是直流侧谐波的主体，50 次以下的特征谐波有 12、24、36 次和 48 次谐波。直流滤波器典型配置示意图如图 5-45 所示。

实际中因为不对称原因，如交流母线电压中含有谐波电压、换流变压器的漏抗不相等和电压比不相等、换流变压器三相漏抗不平衡、换流站两极换流器的任何运行参数不相等、换流变压器对地杂散电容等，都会产生非特征谐波，如 3、6、9、39 次等谐波。

依据直流谐波的分析结果，特高压直流输电工程的直流滤波器选择了 2/12/39 次或 12/24 次与 2/39 次谐波组合的结构，图 5-46 所示为向上工程中采用 HP2/12/39 三调谐直流滤波器结构。换流站的每极采用一组三调谐直流滤波器，调谐频率为 100、600Hz 和 1950Hz，高压电容值为 1.05μF。

三调谐直流滤波器的结构降低了高压电容器的造价，但在滤波器因故障退出运行时会造成谐波超标。因此，在锦苏工程中直流滤波器采用了 12/24 次及 2/39 次双调谐滤波器组合方式，其配置示意图如图 5-47 所示。锦苏工程锦屏换流站直流滤波器场如图 5-48 所示。

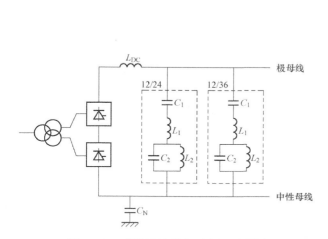

图 5-45　直流滤波器典型配置示意图

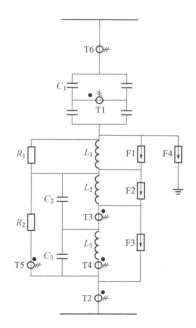

图 5-46　HP2/12/39 三调谐直流
滤波器配置示意图

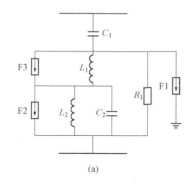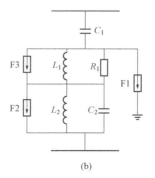

图 5-47　双调谐直流滤波器配置示意图
(a) HP12/24；(b) HP2/39

特高压直流滤被器高压电容器塔采用支撑式结构并选用三塔方式布置，单塔高达 21m。随着电压等级的进一步提高，电容器塔的高度将进一步加大，因此，高压电容器塔的设计将成为直流滤波器设备研制的新课题。

2. 直流滤波器性能要求及主要元件参数

直流滤波器的滤波性能是以等效干扰电流的计算值为基础的。±800kV 直流输电工程采用的最大等效干扰电流在双极方

图 5-48　锦苏工程锦屏换流站直流滤波器场

式下为 3000mA，在单极金属回线或大地回线方式下为 6000mA。

直流滤波器包括高、低压电容器和电抗器、电阻器等元件，高压电容器是其中的主要元件。直流滤波器中高压电容器主要承受直流工作电压和谐波电压，直流电压按每个串联电容器单元的放电电阻分布在每个电容器单元上。直流高压电容器的平均工作场强为 90～110kV/mm，特高压直流工程使用的直流高压电容器约 90kV/mm。

高压电容器组的额定电压约为 1400kV，额定电流约为 200A，高端对地雷电冲击耐受水平 1950kV，操作冲击耐受水平 1600kV，噪声不超过 70dB。

（二）特高压交流滤波器

高压直流换流器作为电力系统中的非线性元件，在运行中会产生各种谐波。对交流系统而言，换流器相当于一个谐波电流源，这些谐波电流从换流变压器网侧注入交流系统，使换流站交流母线电压发生畸变。

大量的谐波电流涌入交流侧，必然对交、直流系统的稳定运行产生严重影响。交流滤波器可以限制换流母线电压畸变率以满足电压质量要求，并提供换相所需的无功功率。合理配置交流滤波器，可以满足系统谐波控制和无功平衡要求。

1. 交流滤波器配置及结构

换流器产生的特征谐波电流与换流器的脉动数有关，±800kV 直流输电工程采用每极两个 12 脉动阀结构，在交流侧产生的特征谐波次数为

$$n = 12k \pm 1 \quad (k = 1, 2, \cdots, \infty)$$

仅考虑 50 次以下的特征谐波有 11、13、23、25、35、37、47、49 次共 8 种。

交流滤波器的配置原则是：①应根据谐波电流情况合理配置，但类型不宜太多，一般为 2～3 种；②在满足性能要求和换流站无功平衡情况下，滤波器分组应尽可能少；③全部滤波器投入运行时，应达到满足连续过负荷及降压运行时的性能要求；④任一组滤波器退出运行时，均可满足额定工况运行时的性能要求；⑤小负荷（10%）运行时，应使投入运行的滤波器容量为最小。

根据上述原则，向上直流工程的交流滤波器（接入 500kV 交流母线）配置如下。

（1）复龙换流站配置 4 组双调谐高通滤波器 HP24/36，用以滤除换流器产生的 23、25、35、37 次特征谐波和其他高次谐波；配置 4 组双调谐滤波器 HP11/13，专门用以滤除 11 和 13 次谐波；1 组 HP3 滤波器，用以滤除 3 次谐波和其他低次谐波；5 组并联电容器，用以补偿无功功率。每小组容量 220Mvar，共 14 小组，分为 4 个大组，每大组包含 3～4 个小组。

（2）奉贤换流站配置 8 组双调谐高通滤波器 HP12/24，用以滤除换流器产生的 11、13、23、25 次特征谐波和其他高次谐波；7 组并联电容器，用以补偿无功功率。每小组容量为 260Mvar，共 15 个小组，分为 4 个大组，每大组包括 3～4 个小组。

典型单调谐滤波器、双调谐高通滤波器的电路和波形分别如图 5 - 49 和图 5 - 50 所示。

与常规直流工程相比，±800kV 直流输电工程滤波器容量要大得多。随着输送容量越来越大，电压等级越来越高，11 次和 13 次特征谐波滤波器采用双调谐滤波器，其并联谐振回路的设备应力特别大。可考虑采用两个单调谐交流滤波器进行并联滤波以避免过大的并联谐振应力，此时把两个单调谐滤波器并联成一个小组，共用一组小组断路器。

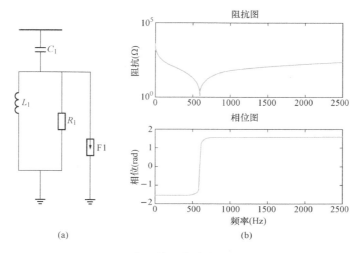

图 5-49　典型单调谐滤波器电路和波形

（a）电路图；（b）波形图

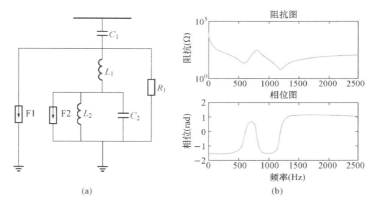

图 5-50　典型双调谐高通滤波器电路和波形

（a）电路图；（b）波形图

在滤波器组数量满足滤波性能要求后，使用高压并联电容是用来进行无功补偿的。高压并联电容器一般由一个高压电容器和一个阻尼小电抗组成。阻尼小电抗主要用来抑制母线上有两台相同电容器设备投切时产生的冲击涌流。

2. 交流滤波器性能要求

根据换流站谐波特点配置滤波器后，应使换流站交流母线上谐波干扰指标达到如下标准。

（1）单次谐波畸变率 D_n。当交流系统的谐波阻抗在所规定的谐波阻抗包络线内取使各次谐波畸变最大的阻抗点计算时，3 次和 5 次谐波畸变率应不超过 1.25%，其他各次谐波畸变率 D_n 奇次应不超过 1.0%，偶次应不超过 0.5%。

（2）总谐波畸变率 D_{eff}。对于两个导致最高总畸变的谐波次数，交流系统谐波阻抗取规定的谐波阻抗包络线内的值。对于其他谐波分量，交流系统谐波阻抗考虑为开路，计算得到的总谐波畸变率 D_{eff} 应不大于 1.75%。

（3）电话谐波波形系数 THFF。对于两个导致电话谐波波形系数最高的谐波次数，交流系统谐波阻抗采用规定的谐波阻抗包络线内的值。对其余各次谐波分量，系统谐波阻抗考虑为开路，计算得到的电话谐波波形系数 THFF 应不大于 1.0%。

（4）交流滤波器高压电容器参数。交流滤波器元件包括高、低压电容器和电抗器、电阻器。高压电容器占滤波器投资的大部分，设计制造技术要求高，影响滤波器性能和运行可靠性。

我国直流输电工程中交流滤波器高压电容器平均工作场强为 50～60kV/mm，特高压直流工程中基本控制在 57kV/mm 左右。

接入 500kV 交流母线的高压电容器组，最大持续运行电压约为 460kV（有效值），最大连续电流约为 340A（有效值），其高压端操作绝缘水平 1175kV，雷电绝缘水平 1550kV；滤波器塔高控制在 13m 以下，双塔结构的噪声控制在 65dB 以下。

四、特高压换流站避雷器

与交流变电站相比，换流站避雷器的配置有两大特点。

（1）避雷器的数量多，而且多紧靠被保护设备；

（2）由于换流站配有大量的滤波器等无功设备，导致避雷器需要吸收的能量也要大很多。

特高压直流输电系统运行电压高，必然导致避雷器额定电压、保护水平升高。因此，采用保护特性良好的避雷器，优化避雷器布置方案，能有效降低设备的绝缘水平，更有利于特高压设备的研发与制造、降低设备造价。

（一）特高压换流站避雷器的种类

在特高压直流换流站里既有直流避雷器又有交流避雷器，且某些避雷器两端都不接地。根据不同特点可以分为三大类。

1. 有显著持续运行电压的直流避雷器

这一类避雷器有直流线路避雷器和直流母线避雷器（DB、DL、CB2）、双 12 脉动单元间的母线避雷器（CB1A）、上 12 脉动换流单元 6 脉动桥避雷器（M2）和下 12 脉动换流单元 6 脉动桥避雷器（M1）和阀避雷器（V1、V2、V3），特高压换流站双 12 脉动换流器串联结构单极 MOA 安装布置示意图如图 5-51 所示。

阀避雷器在一个周期中阀不导通时才承受阀电压，因此阀电压下的漏电流平均一个周波产生的热量很小，可选荷电率为 0.95～1。

M2、M1、CB1A、CB2 避雷器上为直流电压叠加 12 脉动谐波电压，谐波电压产生的电流部分通过避雷器杂散电容泄放，尤其是换相过冲，在避雷器电阻片上产生的热量较直流分量小，且这些避雷器装在阀厅内，可不考虑污秽和环境温度的影响，也可选 0.9 左右的较高荷电率。

DB、DL 避雷器承受很高的纯直流电压，若装于户外，污秽可导致避雷器瓷或硅橡胶外套电位分布不均，引起电阻片局部过热，由于环境温度对避雷器散热和伏安特性影响较大，选择荷电率较低更合理，一般达 0.8 左右。但是，DB 避雷器的性能对降低特高压直流绝缘水平至关重要。通过优化研究，在特高压直流工程中选用了性能优良的电阻片，可将荷电率提高到 0.85。

2. 无显著持续运行电压的避雷器

这一类避雷器主要用于中性母线避雷器（E1、E1H、E2H、EL、EM），其耐受的直流

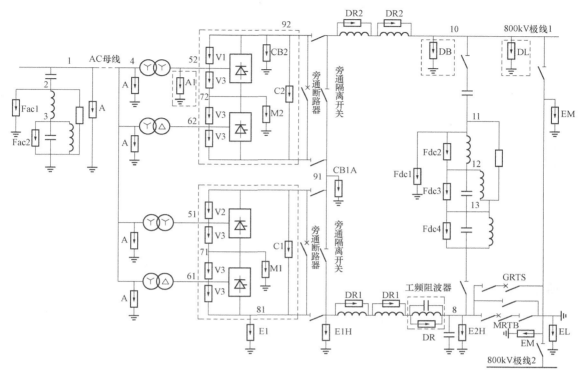

图 5-51 特高压换流站双 12 脉动换流器串联结构单极 MOA 安装布置示意图

电压幅值较低。交、直流滤波器内避雷器,持续运行电压不高,但谐波含量较高。

虽然中性母线避雷器持续运行电压不高,但是,在直流极对地短路、换流变压器阀侧套管出口对地短路、交流侧不对称故障等情况下,中性母线上会出现操作过电压,中性母线避雷器会产生较大的应力。图 5-52 表明了中性母线避雷器最大能量要求与避雷器额定电压的关系,所以选择的额定电压比持续运行电压要高,使满足稳态运行电压要求的同时,最大能量要求保持在较低水平。

滤波器内避雷器的运行电压很低,而与之串联的电容器可能充电到几百千伏。当发生外部短路时,充电电容与低压电抗并联,将会衍生很高的预期过电压。对于这种情况,避雷器的额定电压不能根据最高连续运行电压选择,而应和中性母线避雷器额定电压选择原则类似,根据设备综合造价(电抗器造价、避雷器造价)与避雷器额定电压的关系来确定(如图 5-53 所示)。一般在费用较低阶段,综合造价对额定电压的选择不很敏感。为了保证设备安全,应在费用增加不明显的前提下,尽量取较高的额定电压。

因此,这一类避雷器一般不考虑荷电率,或者说荷电率较低。

特高压直流工程用的这一类避雷器要求的能量比常规直流工程中的更大。

3. 高压交流母线避雷器

换流站的高压交流母线避雷器与一般变电站的相比,需要吸收的能量要大得多。这是因为换流站配有大量的滤波器等无功设备,当交流系统发生故障时会产生持续时间较长、幅值较高的暂时过电压。如果暂时过电压超过 1.3 倍,则应快速切除滤波器等无功设备加以限制。设计时一般按暂时过电压大于 1.3 倍小于 1.5 倍、100ms 后切滤波器等设备,大于 1.5

倍立即切滤波器等设备考虑，所以交流母线避雷器需消散大量能量。

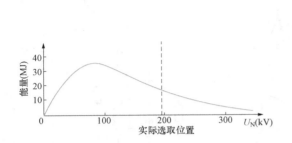

图 5-52 中性母线避雷器最大能量要求与
避雷器额定电压的关系

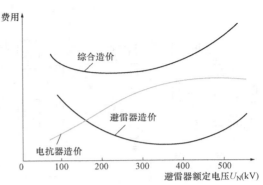

图 5-53 设备综合造价与避雷器
额定电压的关系曲线

应用于这种情况下的断路器，必须具备在较高恢复电压下切除电容器的能力，这一点对断路器要求很严酷。为了适当降低断路器断口的恢复电压，需要将避雷器保护水平控制在一个较低值，这又使得交流母线避雷器吸收的能量进一步升高。这一点在特高压直流接入750kV 或 1000kV 交流系统时尤为重要。

（二）特高压直流避雷器的结构

特高压直流避雷器的结构与其他避雷器最大的区别在于它的外绝缘。在直流电压的作用下，避雷器外套积污非常严重，因此对避雷器的爬电比距要求非常高，对其电气性能也有较大的影响。当直流工作电压很高时，尤其是在特高压下，瓷外套绝缘的避雷器，其外绝缘难以满足要求，因此特高压直流避雷器一般都采用复合绝缘外套，或者瓷涂 RTV。

图 5-54 ±800kV 特高压
直流线路 DB 避雷器

±800kV 特高压直流线路 DB 避雷器如图 5-54 所示，它一般采用悬吊式结构，也可采用支撑式结构。由于 DB 避雷器的持续运行电压和保护水平很高，在特高压直流工程中降低绝缘水平意义很大，因此通过采用多柱避雷器并联的方式，来降低避雷器的保护水平。如果避雷器采用内部并联方式，整体质量加重，当质量超过构架的承重能力时，只能改为支撑结构。所以对 DB 避雷器而言，选择良好的电阻片、优化结构设计是关键。

五、特高压直流支柱绝缘子与套管

（一）直流绝缘子污秽特性

由于直流污闪耐受电压低于交流污闪耐受电压，同时由于直流电压的静电吸尘效应，导致直流绝缘子积污比交流绝缘子高得多，因此直流设备绝缘子要求的爬电比距也比交流绝缘子的高得多。

如对于交流 d 级污秽地区，交流场支柱绝缘子的等值盐密年均值约为 0.05mg/cm^2，而直流场支柱绝缘子年度等值盐密可达 0.063mg/cm^2，因此直流绝缘子要求的爬电比距要比交流的大得多。如交流瓷质绝缘子爬电比距要求值为 25mm/kV 时，直流瓷质绝缘子爬电比距要求值达到 54mm/kV。

　　实际上，即使都是 d 级污秽区，直流绝缘子上积污的盐密也是不同的，具体盐密与当地风向、污染源性质及地理位置有关，直流与交流等值盐密比的取值需根据风速和污秽微粒粒径确定。

　　特高压直流工程由于工作电压特别高，当满足了爬电比距要求时，必然使高度大幅增加，又难以满足机械力的要求。所以直流场绝缘子的选型原则是设备绝缘子采用复合外绝缘结构，±800kV 支柱绝缘子采用瓷涂 RTV 或复合绝缘形式。考虑到不均匀受潮闪络等原因，穿墙套管采用复合绝缘形式。

　　（二）特高压直流支柱绝缘子

　　特高压直流换流站要使用很多直流支柱绝缘子，且要求直流支柱绝缘子的机械抗弯强度高、耐地震能力强，因而需要较高的制造水平。特高压直流输电工程中对瓷涂 RTV 与复合绝缘两种形式的支柱绝缘子都有应用。

　　1. 支柱绝缘子结构

　　瓷质支柱绝缘子和垂直套管结构形式为深棱型，最小伞间距应不小于 95mm，伞间距与伞伸出的比值不小于 1.0，爬电比距不小于 54mm/kV。

　　复合支柱绝缘子和垂直套管结构形式为大小伞型，伞间距与伞伸出的比值不小于 0.9，爬电比距不小于 48mm/kV。当垂直安装时大小伞绝缘子结构示意图如图 5 - 55 所示，对该伞型的关键结构参数选择如下。

　　（1）大伞间距 $S \geqslant 65$mm。

　　（2）大小伞伸出差 $P-P_1$ 应当大于交流瓷质绝缘子采用的距离，应尽量采用更大的伞伸出差，比如 20mm。

　　（3）上倾角 $\alpha > 10°$，下倾角 $\beta > 3°$。不宜采用过小的下倾角，以防止雨水回流；也不宜采用过大的下倾角，以防止伞下积污。

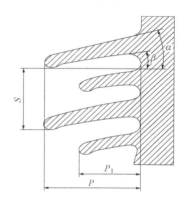

图 5 - 55　大小伞绝缘子结构示意图

　　2. 支柱绝缘子主要技术参数

　　直流支柱绝缘子最重要的参数是抗弯强度，±800kV 瓷质支柱绝缘子的抗弯强度能达到 10kN。表 5 - 5 列举了向上直流工程中瓷质支柱绝缘子的主要技术参数。

表 5 - 5　　　　　　向上直流工程瓷质支柱绝缘子主要技术参数（瓷涂 RTV）

序号	项　目	主要技术参数
1	雷电冲击耐受电压（干，峰值）（kV）	1950
2	操作冲击耐受电压（湿，峰值）（kV）	1600
3	直流湿耐受电压（kV）	1236
4	结构高度（mm）	10970
5	单元节数（节）	6
6	节高度（mm）	1825
7	最大杆径（mm）	280

续表

序号	项　　目	主要技术参数
8	最大伞径（mm）	472
9	均压环外径（mm）	1800
10	抗弯强度（kN）	10

3. 复合支柱绝缘子

复合支柱绝缘子的绝缘采用 HTV 高温硫化硅橡胶材料，真空整体注射成型，内芯柱采用了两种工艺方法：一种用玻璃纤维增强树脂材料、连续纤维湿法逐步缠绕固化（实心复合Ⅰ）；另一种采用玻璃纤维增强树脂材料缠绕绝缘管、内填充绝缘介质（实心复合Ⅱ）。锦苏工程特高压直流支柱绝缘子主要技术参数见表 5-6。

表 5-6　　　　　锦苏工程特高压直流支柱绝缘子主要技术参数（复合绝缘）

项目	主要技术参数	
	实心复合Ⅰ—平波电抗器支柱	实心复合Ⅱ—母线支柱
额定直流电压（kV）	±800	±800
雷电冲击耐受电压（峰值）（kV）	2750	1800
操作冲击耐受电压（湿，峰值）（kV）	1800	1600
直流湿耐受电压（60min）（kV）	1236	1236
结构高度（mm）	12270	12000
单元节数（节）	5	5
节高度（mm）	2454	2400
最小爬电距离（mm）	40800	39168
抗弯强度（kN）	16	12.5

（三）特高压直流穿墙套管

直流穿墙套管用于阀厅户内与户外的连接。特高压直流工程中直流穿墙套管按安装位置可分为 ±800kV 极线和 ±400kV 中点穿墙套管（如图 5-56 所示）及 ±200kV 中性母线穿墙套管。不同安装位置的套管采用不同的绝缘结构形式。

1. 穿墙套管结构及特点

±800kV 极线和 ±400kV 中点穿墙套管绝缘水平较高，采取复合绝缘结构。紧靠导电杆为锥形固体绝缘结构，该结构以环氧树脂浸纸为主要绝缘构成电容芯子，它由绝缘纸和铝箔缠绕在导杆上并真空干燥后以树脂浸渍而成，电容芯子以电容屏来均匀径向及轴向电场分布。锥形结构外为绝缘气体，该部分主要承担套管的纵向电场，在套管的端部一般会采取内屏蔽以使套管内轴向电场均匀。再往外是环氧玻璃筒和硅橡胶外套。

图 5-56　±800kV 和 ±400kV
极线穿墙套管

中性母线穿墙套管外绝缘使用有机复合外套，在主绝缘和外绝缘之间充以单一绝缘介质，绝缘介质可以为环氧树脂浸纸、绝缘硅胶、绝缘气体。前两种绝缘介质套管为圆柱形电容结构，后一种仅在套管端部和法兰处加装内屏蔽电极使电场均匀。

直流穿墙套管由导体（杆）、绝缘部分和金属法兰 3 部分组成。导杆沿圆柱形绝缘体的轴线穿过，需能承受直流电流及谐波电流。导管绝缘分为内绝缘和外绝缘两个部分。直流穿墙套管通常为干式套管，套管外绝缘一般为硅橡胶外套，内绝缘采用胶浸纸或绝缘气体。和其他套管一样，直流穿墙套管的环形金属法兰安装在绝缘外套上，用于套管的接地。同其他套管相比，直流穿墙套管所需承受的电场较为复杂，包括直流电场、交流电场与极性反转电场。由于套管通常包括多种绝缘材料，在直流电压下的电场分布和交流电压下的分布不同，因此直流穿墙套管需要采取均压、屏蔽等措施，这使得直流穿墙套管结构更为复杂。

2. 穿墙套管主要技术参数

向上直流工程±800kV 极线穿墙套管全长 18804mm，阀厅户内部分长度为 8327mm、闪距为 6720mm、爬距为 23200mm；户外部分长度为 10477mm、闪距为 8870mm、爬距为 39800mm；SF_6 气体压力为 0.57MPa，质量为 4051kg。使用条件还要满足阀厅内温度为 60℃的环境要求。

六、直流开关设备

（一）直流转换开关

1. 种类与作用

直流转换开关主要用于进行直流输电系统各种运行方式的转换，如接地系统转换等。特高压直流输电工程直流转换开关配置如图 5-27 所示。

（1）金属回路转换开关（MRTB）。装在接地极线回路中，用于将直流电流从单极大地回线方式转换到单极金属回线方式，保证转换过程中不中断直流功率的输送。

（2）大地回路转换开关（GRTS）。装在接地极线与极线之间，用于将直流电流从单极金属回线方式转换到单极大地回线方式，必须与 MRTB 联合使用。

（3）中性母线转换开关（NBS）。装设在整流站和逆变站的中性母线上。当单极计划停运时，换流器在没有投旁通对的情况下闭锁。换流器将使直流电流降为零，NBS 在无电流情况下分闸。这也是换流器发生故障（接地故障除外）时 NBS 进行隔离的正常程序。当正常双极运行时，如果发生一个极内接地故障，故障极投旁通对闭锁，用中性母线转换开关 NBS 将正常极注入故障点的直流电流转换到接地极线路。

（4）中性母线接地开关（NBGS）。装设在整流站和逆变站的中性母线与换流站接地网之间。当双极大地返回方式运行接地极线开断时，用 NBGS 将中性母线临时转接到换流站接地网。当接地极线路恢复时，NBGS 必须能将流经它至换流站接地网的电流转换至接地极线路。

在 MRTB 动作之前，GRTS 先合闸，建立两并联的回路，直流电流被分流。到达稳态之后，MRTB 动作进行电流转换操作，转换成功之后，和 MRTB 串联的隔离开关将断开，以确保 MRTB 不承受持续的电压。

在 GRTS 动作之前，MRTB 先合闸，建立大地回路和金属回路两个并联的回路，直流电流被分流。到达稳态之后，GRTS 动作进行电流转换操作，转换成功之后，和 GRTS 串联的隔离开关将断开，以确保 GRTS 不承受持续的电压。

2．基本构成及工作原理

由于直流电流没有过零点，无法像交流电流那样利用过零点熄弧，因此直流转换开关一般是在普通交流断路器的基础上改造而来，增加了辅助回路使直流电流强迫出现过零点，从而完成运行方式的转换或故障的清除。

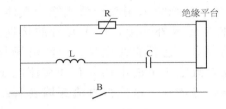

图 5-57　无源型直流转换开关结构

直流转换开关分为有源型和无源型，但由于有源型直流转换开关在操作前需要给电容预充电，操作复杂，并且比无源型多了一个电源设备，占地位置和维护工作增加。因此在特高压工程中采用的是无源型直流转换开关，其结构及布置分别如图 5-57 和图 5-58 所示。

图 5-57 中，B 为由交流 SF_6 断路器改装而来的转换开关；L 为换相电感；C 为换相电容；R 为非线性电阻，一般采用避雷器。电感、电容和非线性电阻组装好后，共同安装在一个绝缘平台上。其灭弧原理如下。

（1）灭弧前。在 SF_6 断路器 B 触头分开之后，电弧电压在 SF_6 断路器与 L—C 支路构成的环路中激起振荡电流，当振荡电流反向峰值正好等于直流电流时，流过 SF_6 断路器的电流便会出现过零点，断口处的电弧熄灭。

（2）灭弧后。此后直流电流依然存在，但转移至 L—C 支路中。电流流经电容器时便对其进行充电至一定电压，定义此电压为转换电压。转换电压的大小由并联在断路器上的避雷器 R 决定，当电容器转换电压达到避雷器的动作电压后，避雷器动作，L—C 支路中的电流又被转移到避雷器中，随后流过避雷器的电流逐渐减小，直至为零。这样，流过该直流转换开关的直流电流就被渐渐地转移到与之并联的其他回路中去，同时，在转换过程中避雷器会吸收大量的能量。

图 5-58　无源型直流转换
开关布置

由于特高压直流转换开关转换电流大，因此选用灭弧能力较强的 2 极 252kV 及以上的交流 SF_6 断路器作为开关元件。

3．主要技术参数

直流转换开关一般设计为每年不超过 20～30 次正常转换，MRTB 和 GRTS 在每年无冷却的情况下，只允许进行两次连续转换。允许转换的电流与直流系统的额定连续过负荷条件有关。常规高压直流工程中的直流转换开关转换电流为 2.5kA（无源型），特高压直流转换开关最大转换电流达到 5.1kA；避雷器最大吸收能量也由 40MJ 提高到 53MJ。向上直流工程中 MRTB 的转换电流为 4.32kA，GRTS 的转换电流为 1.2kA。

（二）直流隔离开关

直流隔离开关与接地开关用于设备检修时的隔离与接地，以及配合直流断路器进行各种运行方式的转换。

特高压直流工程用直流场户外安装的直流隔离开关，按电压等级不同分为极线隔离开关、双 12 脉动桥中点隔离开关、中性母线隔离开关 3 种类型。为了增加电力系统的安全可靠性，提高电力系统的能量利用率，双 12 脉动串联的特高压直流工程增加了 12 脉动桥旁路断路器，同时也相应增加了阀侧隔离开关配合旁路断路器的操作。为减少设备类型，平波电抗器阀侧隔离开关和线路侧隔离开关统一设计。

直流隔离开关可由普通单相交流隔离开关改装而来，主要区别在于特高压工程中直流隔离开关需长时耐受的直流电流很大，约 4500A（40℃）。为了解决隔离开关的发热问题，应特别注意其触头连接、软连接等处的设计。

另外，特高压极线隔离开关（如图 5 - 59 所示）的外绝缘电压水平很高，操作耐受电压为 1600kV，雷电耐受电压为 1950kV，爬电距离为 39168mm（合成绝缘）。隔离开关的本体尺寸很大，高度约 15m，设备的机械稳定性要求高，所以支柱绝缘子采用了三柱并联式绝缘子。极线滤波器直流隔离开关需要带电投切直流滤波器，隔离开关需要具备开断谐波电流的能力，一般要求 60kV 下开断 200A。

（三）旁路断路器

特高压直流 12 脉动阀组旁路断路器（如图 5 - 60 所示）属于 ±800kV 特高压直流输电系统特有的断路器，安装在每个 12 脉动桥直流侧。放置在每极由 2 个 12 脉动换流器单元串联的特高压直流输电系统中，可提高电力系统可靠性，将故障或需要检修的换流器隔离，而不影响其他换流器的正常运行。

图 5 - 59　特高压极线隔离开关　　　　图 5 - 60　特高压直流 12 脉动阀组旁路断路器

如向上工程直流输电系统额定输送容量为 6400MW，如果因为某个换流阀故障而单极停运，功率损失达 3200MW，比 ±500kV 直流输电工程双极输送功率还大，将对两侧交流系统产生很大影响。设置旁路断路器可以采用不完整单、双极运行方式，从而减少功率损失和对两侧交流系统的冲击，提高能量利用率。

旁路断路器合闸顺序：旁路断路器在分闸状态下，投入阀组旁通对，给旁路断路器发合闸指令，旁路断路器合闸并通过额定电流。旁路断路器合闸时间不超过 100ms，以防止旁通对换流阀过应力。

旁路断路器分闸顺序：解锁与旁路断路器并联的 12 脉动桥，当触发角降低到 90°附近时，额定直流电流通过阀桥，旁路断路器流过 12 次谐波电流（幅值约为 300～400A）。这时，给旁路断路器发分闸指令，旁路断路器分闸。

旁路断路器对地和断口间的绝缘虽然高，但由于其投、切过程分别利用了启动换流阀旁通对和 90°解锁阀组，旁路断路器承受的开断电流和恢复电压并不很高。因此，特高压直流旁路断路器可以采用能满足电流、电压要求的普通交流断路器。

但是，旁路断路器与交流断路器在外绝缘和灭弧室断口间均压方面完全不同。为满足直流场污秽外绝缘的要求，直流旁路断路器的灭弧室套管和支柱绝缘子采用复合绝缘子；普通交流断路器使用的电容均压元器件改用均压电阻，以承受长时间的直流电压。

向上直流工程采用的高压端换流器旁路断路器高 12.781m，支柱绝缘子高 8.7m；低压端换流器旁路断路器高 8069m，支柱绝缘子高 4.33m；宽 5.857m，灭弧室高 2.124m。特高压直流旁路断路器主要技术参数见表 5 - 7。

表 5 - 7		特高压直流旁路断路器主要技术参数	(kV)
技术参数		高端 12 脉动换流器 旁路断路器	低端 12 脉动换流器 旁路断路器
额定对地电压		800	400
断口最大连续电压		408	408
雷电耐受电压 （峰值）	断口	916	929
	对地	1800	903
操作耐受电压（峰值）	断口	927	941
	对地	1600	825
直流耐受电压	端子 1	1224	612
	端子 2（相同极）	612	—

七、特高压直流测量装置

（一）直流电流测量装置

直流电流测量装置通常安装在换流站的高压直流线路端以及换流站内中性母线和接地极引线处，其输出信号用于直流系统的控制和保护。对直流电流测量装置的主要技术性能要求是输出电路与被测主回路之间要有足够的绝缘强度、抗电磁干扰性能强、测量精度高和响应时间快等。对用于控制的直流电流测量装置，当被测电流在最小保证值和 2h 过负荷运行电流之间时，测量误差应不大于额定电流的 ±2%，暂态时输出信号瞬时值可达到额定电流的 600%。

高压直流电流测量装置通常有电磁型、光电式和纯光学式直流电流互感器三种。

1. 电磁型直流电流互感器

直流输电中采用的电磁型直流电流测量装置通常为零磁通式直流电流互感器，其主要组成部分为饱和电抗器、辅助交流电源、整流电路和负荷电阻等。当主回路直流电流变化时，将在负荷电阻上得到与一次电流成比例的二次直流信号。电磁型直流电流互感器的主要性能参数为测量精度一般为 $0.2\%\sim1.5\%$，响应时间为 $50\sim100\mu s$；一次电流小于 10% 的额定值时不正确响应为 $0.5\%\sim3\%$。

零磁通式电流互感器可以用来测量直流或交流电流。零磁通式直流电流互感器可看成是由磁积分器和磁调制器组成。电磁型直流电流互感器测量单元原理如图 5-61 所示，铁芯 T1、T2 和 T3 各对应的辅助绕组为 N1、N2 和 N3，并联且同匝数的补偿绕组 N4 和校准绕组 N5，围绕 3 个铁芯，N5 在校准补偿绕组 N4 时才被打开使用，正常运行时与 N4 并联在一起工作。由图 5-61 可知，磁积分器由 N3、N4、N5 以及功率放大器和负荷电阻构成；绕组 N1、N2 以及峰值检测器及振荡器组成磁调制器。

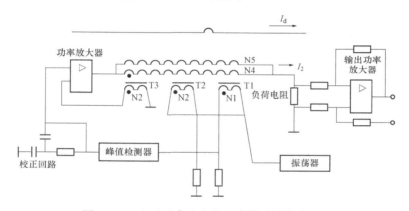

图 5-61　电磁型直流电流互感器测量单元原理

磁积分器的工作原理是利用功率放大器消除绕组 N3 上产生的感应电动势，使一次绕组产生的磁动势与二次绕组 N4 产生的磁动势完全平衡，一次绕组和二次绕组的安匝数平衡。

磁调制器的工作原理是靠振荡器激励 T1、T2 进入饱和状态。当铁芯 T1 和 T2 饱和时，电流陡增。N1 绕组的电流激增将被峰值检测器感应到，N2 用来平衡由 N1 产生的磁通量。如果铁芯内是纯直流磁通量，峰值探测器会感应到正负峰值并向功率放大器提供一个校正信号。

被测直流电流 $I_d\neq0$ 时，峰值检测器输出校正电压 U_r，U_r 控制磁积分器的放大器，使功率放大器输出二次侧补偿电流 I_2，从而使铁芯中的安匝数完全平衡。当 I_d 越大时，功率放大器产生的补偿电流就越大；反之就越小。实际上，由于功率放大器有限的增益和磁通量的漂移，一次绕组与二次绕组的磁动势不能保持完全平衡。为了恢复安匝数的平衡，需形成一个具有负反馈的系统，磁积分器就用来实现这个目的。磁通的一切变化都会在绕组 N3 中产生感应电压，感应电压在积分器的反相输入端驱动，从而改变功率放大器输出的补偿电流 I_2，使一次和二次绕组产生的磁动势完全平衡。通过测量补偿电流在负载电阻上形成的直流电压信号，就能得到一次侧电流信号的大小，实现直流电流测量的目的。

2. 光电式直流电流互感器

光电式直流电流互感器（OCT）根据使用场合的不同可以分为测量直流电流的 OCT、测量直流电流谐波分量的 OCT 等。光电式电流互感器的主要组成部分为高精度分流器（分流电阻或罗氏线圈）、光电模块、信号传输光纤及光接口模块。其工作原理是将电流信号通过采样线圈转换成为电压信号，再经多路信号 A/D 采样系统转变成数字信号，通过发光二极管（LED）将时钟和数据信号由光纤传递给低电位侧的信号接收部分。

与传统电流互感器相比较，OCT 具有如下优点：①高低压完全电气隔离，绝缘结构简化，具有优良的绝缘性能，安全性能高；②采用了光传输，抗干扰能力强；③无铁芯，故不存在磁饱和、铁磁谐振等问题；④功能齐全，测量准确度高；⑤无噪声、污染小、环保性能好；⑥体积小、质量轻。

3. 纯光学式直流电流互感器

纯光学式直流电流互感器与光电式电流互感器的信号传输及处理回路基本相同，都是由光纤将测量信号从设备本体传输至控制保护室内，再经过处理转变为数字信号传输至控制保护系统。但纯光学式直流电流互感器的电流测量本体是采用光纤测量方法，利用法拉第、光电效应原理，通过测量高频光波在电场中的速度差来反映直流电流模拟量的变化情况。

（二）直流电压测量装置

直流电压测量装置多为阻容分压器加直流放大器，所以一般称为直流电压分压器。

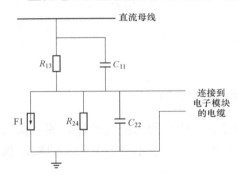

图 5-62 直流电压分压器原理图

直流电压分压器基本为阻容分压元件，并采取了有效的均压措施，如图 5-62 所示。其电压传感器的主体是直流电阻分压器（高压臂电阻 R_{13} 和低压臂电阻 R_{24} 串联），由于通过高压臂电阻和低压臂电阻的电流是相同的，通过测量低压臂电阻两端的电压，便可算出高压端的电压。为了确保不同环境温度和电压下的测量准确性，组成高压臂和低压臂的电阻元件必须温度系数小、电感量小、在电压作用下能够保持阻值稳定。高压电阻值为数百兆欧，在额定电压下，流过分压器的阻性电流一般为毫安级。

对纯电阻分压器而言，它在直流电压作用下电压分布较均匀，在雷电冲击电压下，由于不同高度对地杂散电容的不同，其电压分布则极不均匀，高压侧单个电阻元件承受的冲击电压将远远超过中部和底部元件，易发生冲击击穿，不能满足试验和运行要求。为改善电场分布，直流分压器一般在电阻两端并联补偿电容 C_{11} 和 C_{22}，补偿电容的数值需要和电阻值相匹配。另外，纯电阻分压器的频率响应特性很难满足要求，补偿电容的使用使分压器响应特性得到改善，满足有关高压直流输电线路监测、控制和保护的要求。

特高压直流电压分压器和 ±500kV 直流电压分压器相比，区别主要在于内外绝缘水平的不同。由于电压等级较高，绝缘水平相应提高，因此需对端部绝缘和补偿装置进行全新设计，防止电晕发生，改善冲击电压分布。设计和制造时需控制电阻的温升以保证测量精度。

同时，还应考虑运行时湿污秽条件对分压器内外电压分布的影响。为保证系统安全和减小干扰，特高压直流电压分压器主回路和二次输出回路之间应装设静电屏蔽层。

特高压直流电压测量装置与控制保护系统信号输入端相连，在电压从零至最大稳态直流电压范围内，其测量精度应在额定电压的±0.2%以内。同时，直流分压器的精度应满足 1.5p.u. 直流电压的测量要求。

直流电压测量装置必须具有良好的暂态响应和频率响应特性，确保最大公差时的测量精度仍满足高压直流输电系统控制保护的要求。

在±800kV换流站直流侧，电压分压器主要安装在极母线（户外直流场，如图 5 - 63 所示）、中性母线（阀厅内）、每组 12 脉动换流器旁路断路器（阀厅内，南方电网公司特高压工程中装设）。

图 5 - 63　±800kV 极母线直流
电压分压器（户外）

 思考与讨论

1. 我国的交流特高压变电站采用何种主接线？

2. 高压配电装置有哪些形式？我国首条交流特高压试验示范工程的配电装置采用了什么类型？

3. 何为 GIS？分为哪些形式？何为 HGIS？

4. 特高压变压器有哪些特点？我国首条交流特高压试验示范工程的变电站中采用了什么形式和结构的变压器？

5. 特高压变压器电压调节方式是怎样的？有何特点？

6. 特高压变压器第三绕组有什么作用？电压等级如何选取？

7. 特高压线路的高压并联电抗器有哪些用途？如何选取其容量？

8. 容量固定的特高压并联电抗器有什么特点？按结构分类有哪几种？

9. GIS 有哪些类型？各有什么特点？GIS 与常规空气绝缘高压开关设备（AIS）相比，有哪些优点？

10. 特高压断路器采用了哪种类型的断路器？这类断路器有几种形式？我国的特高压断路器结构上有什么特点？

11. 特高压 GIS 中的隔离开关在动作时易出现什么问题？如何解决？

12. 特高压避雷器按结构分几类？提高特高压避雷器的性能有何意义？

13. 特高压套管分哪几类？

14. 特高压电压互感器有哪几类？我国特高压交流工程中分别采用了什么类型的电压互感器？

15. 我国特高压电流互感器有哪些结构形式？各有什么特点？

16. 特高压换流站交流场一般采用哪种主接线？

17. 特高压换流站中直流滤波器和交流滤波器分别起什么作用？其配置方式如何？

18. 特高压换流站中换流阀的作用是什么？换流阀组件由哪些元件组成？

19. 换流阀控制系统的主要功能是什么？包括哪些单元？

20. 阀基电子设备的作用是什么？按晶闸管触发方式阀基电子设备分为哪几种？

21. 特高压换流变压器的作用是什么？与普通交流变压器比较，它有哪些特点？

22. 特高压换流变压器的铁芯结构有哪几种？

23. 特高压平波电抗器的作用是什么？

24. 何为双调谐直流滤波器？何为三调谐直流滤波器？

25. 特高压换流站避雷器的配置与一般变电站比较有什么特点？特高压换流站避雷器有哪些种类？

26. 直流避雷器的结构与交流避雷器比较有什么不同？

27. 直流绝缘子的性能要求与交流绝缘子有何区别？我国特高压直流工程中应用了哪些形式的直流支柱绝缘子？

28. 直流穿墙套管与交流套管比较有哪些不同性能要求？

29. 直流开关分为哪几种？分别有什么作用？

30. 直流转换开关的灭弧机理是什么？

31. 高压直流电流测量装置有哪几种？

32. 高压直流电压是如何测量的？在直流高压测量装置中为何要在电阻元件两端并联电容？

第六单元

特高压架空输电线路

　　导线、金具、杆塔作为架空输电线路的主要部件，是将强大的电能输送到负荷中心的直接载体和支持结构，是保证输电线路电气技术条件的重要组成部分。就机械性能而言，杆塔、导线、金具自成一个力学体系。杆塔通过金具及绝缘子串将导线悬挂于空中，杆塔基础承担着整个线路的机械荷载。特高压架空输电线路导线、金具、杆塔的设计与选型需综合考虑输电线路电气特性和机械特性。线路电气特性已在前面单元中论述，本单元主要在机械力学性能方面对特高压输电线路的导线、金具、杆塔及基础进行论述。

　　架空输电线路分裂导线的结构形式需要满足按经济电流密度传送能量的要求，并用发热条件和电晕条件进行校验。对特高压输电线路，电晕产生的无线电干扰和可听噪声对环境的影响是导线选型和分裂形式选择的最主要因素之一。由于各国的实际条件不同，对环境的要求标准不尽一致，特高压输电线路导线形式有所区别。苏联煤炭成本低，线路途径多为人烟稀少地区，环境问题不突出，选取小截面导线是经济的。日本人多地少，环境要求较为苛刻，因此采用大截面导线。我国架空输电线路分裂导线应综合考虑经济、社会效益来确定。

课题一　特高压架空输电线路杆塔

　　特高压输电线路杆塔需根据特高压线路的绝缘配合、线路回数、地形、地质条件等，借鉴国内外超高压、特高压线路杆塔的使用经验，并考虑线路建设经济性的要求选择合适的塔型。苏联因土地资源丰富，较多地采用了拉线塔。日本为了减少线路走廊，特高压输电线路采用同塔双回路，铁塔均采用高强度的钢管塔。

　　从我国的实际情况出发，由于拉线塔占地大，我国特高压输电线路中不宜采用拉线塔。对单回路自立塔，应因地制宜地使用酒杯塔和猫头塔这两种自立塔型，在线路走廊紧张的地方，多用猫头塔，甚至采用三相V形悬垂串的猫头塔；在一些线路走廊不太紧张的地方，宜使用酒杯塔。对单回路耐张型塔宜选用结构简单、受力清楚、占用线路走廊少的干字塔。对双回路塔宜采用三层或四层横担的伞型或鼓型塔，三相导线垂直排列，减少线路走廊宽度。

　　我国特高压输电线路距离长、跨越区域广，将经过各种复杂的地质、地貌地区，影响特高压输电线路杆塔基础设计的因素有地质条件、荷载特性、地基和基础的承载特性、施工方法等。我国架空输电线路杆塔基础可分为开挖回填类基础、原状土掏挖基础、挖孔扩底桩基础、岩石类基础、复合型基础等形式。随着我国电网建设的发展，近些年来，杆塔基础在设计、施工和试验检测等方面也已经有了一定进步。但在我国特高压输电线路工程建设中杆塔基础的选型与优化设计仍具有重要意义，应尽可能采取合理的结构形式，减小基础所受的水平力和弯矩，改善基础受力状态，并因地制宜采用原状土基础。土地资源日趋紧张，环境保护日益得到重视，合理设计塔位施工基面，做到少开塔位施工基面，减少弃土和边坡的防护，降低工程造价，加强环境保护，实现国家经济建设的可持续发展目标，是我国特高压输电线路建设的基本要求。

一、特高压杆塔塔型及特点

GB 50665—2011《1000kV 架空输电线路设计规范》规定了杆塔类型的基本概念，规范和具体化了杆塔类型。杆塔按其受力性质，宜分为悬垂型、耐张型杆塔。悬垂型杆塔宜分为悬垂直线和悬垂转角杆塔；耐张型杆塔分为耐张直线、耐张转角和终端杆塔。这样便于区分悬垂型和耐张型两类杆塔的荷载组合。对于换位杆塔、跨越杆塔以及其他特殊杆塔，可以按杆塔的连接方式分别归入悬垂型或耐张型。

特高压杆塔既要满足线路电气和机械的技术条件，又要满足线路建设经济性的要求。考虑杆塔使用条件、线路回数和地形地质条件，并参考超高压及国际上特高压杆塔塔型，我国特高压杆塔的选用情况如下。

（1）拉线塔。拉线塔可节省钢材，但占地面积大。由于拉线的要求，拉线塔只能在平原、丘陵地区使用。随着征地费用日益增高，虽然拉线塔本体费用较低，但其他费用却很高，故其综合费用可能反而比自立塔高。因此，我国特高压输电线路中不宜采用拉线塔。

（2）单回路自立塔。输电线路广泛使用的单回路悬垂型自立塔有酒杯塔和猫头塔两种，其他形式的塔基本上是在其基础上衍变而来的。在线路走廊紧张的地方多用猫头塔，甚至采用三 V 串的猫头塔；在一些线路走廊不太紧张的地方宜使用酒杯塔。1000kV 晋东南—南阳—荆门特高压交流试验示范工程采用了猫头塔型和酒杯塔型，其猫头塔型示意图如图 6-1 所示，其酒杯塔型示意图如图 6-2 所示。±800kV 特高压直流悬垂型塔采用羊角塔型，其示意图如图 6-3 所示。

 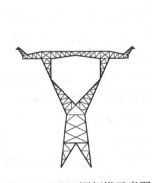 

图 6-1　1000kV 猫头塔示意图　　图 6-2　1000kV 酒杯塔示意图　　图 6-3　±800kV 羊角塔示意图

对于单回耐张型塔，大多选用的是干字型塔。这种塔型由于结构简单、受力清楚、占用线路走廊少，而且施工安装和检修也较方便，故在各电压等级线路工程中大量使用，积累了丰富的运行经验。1000kV 特高压交流试验示范工程中单回线路耐张型塔采用了干字型塔（如图 6-4 所示）。±800kV 特高压直流输电示范工程耐张型塔也采用了干字型塔（如图 6-5 所示）。

（3）双回路塔。同塔双回路铁塔一般多采用三层或四层导线横担的伞形或鼓形塔型，三相导线垂直排列，可以有效减小线路走廊宽度。1000kV 同塔双回输电线路宜选用这种塔型。皖电东送淮南—上海 1000kV 特高压交流输电工程悬垂型塔示意图如图 6-6 所示，其耐张型塔示意图如图 6-7 所示。

图 6-4　1000kV 干字塔示意图　　　图 6-5　±800kV 干字塔示意图

图 6-6　1000kV 双回路悬垂型塔示意图　　　图 6-7　1000kV 双回路耐张型塔示意图

二、杆塔基础

输电线路杆塔基础是将杆塔结构固定在土或岩石中，并通过杆塔底部连接件，将荷载传递于地基土或岩石中的一种结构体。特高压输电线路杆塔基础形式宜根据杆塔结构类型、沿线地形地貌特点、塔位处的地质条件以及施工运输条件等因素综合确定。

（一）开挖回填基础

1. 刚性台阶基础

刚性台阶基础适用各类地质条件和各种塔型，其特点是大开挖，采用模板浇制，成型后再回填土，利用土体与混凝土质量抗拔，基础底板刚性抗压。

2. 柔性板式基础

特高压工程中应用最广泛的开挖回填基础形式是柔性板式基础，分为直柱板式和斜柱板式两种形式，主要特点是底板大、埋深浅，底板双向配筋承担由铁塔上拔、下压和水平力引起的弯矩和剪力。直柱板式基础适用于各类地质条件及各种塔型，斜柱板式基础中的主柱坡度与塔腿主材坡度一致，施工工艺复杂，一般适宜在地形简单、地势平坦、交通便利的平原、河网地区中使用。

（二）原状土掏挖基础

原状土掏挖基础充分发挥了地基土的承载能力，取消了支模和回填工序，加快了工程施工进度，降低了工程造价，在特高压输电线路工程中被广泛应用，其示意图如图6-8所示。

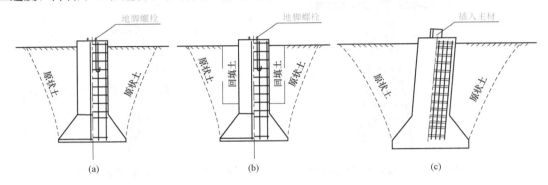

图6-8　原状土掏挖基础

（a）直柱全掏挖基础；（b）直柱半掏挖基础；（c）斜柱全掏挖基础

（三）挖孔扩底桩基础

为提高基础的承载力，在地形条件复杂的特高压输电线路工程中通常采用挖孔扩底桩基础，如图6-9所示。为解决塔位表层浮土侧方向抵抗力低的问题，又可充分利用斜柱基础的结构特点，在特高压输电线路工程中，挖孔扩底桩基础也常在上部采用斜立柱型，下部采用扩底直柱型。

（四）岩石类基础

1. 岩石锚杆基础

岩石锚杆基础充分利用岩石的强度，在岩石中直接钻孔、插入锚杆，然后灌浆，使锚杆与岩石紧密黏结，极大降低了基础混凝土和钢材的用量，适用于中等风化以上的整体性好的硬质岩。其示意图如图6-10所示。

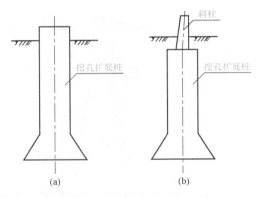

图6-9　挖孔扩底桩基础

（a）直柱；（b）斜柱

2. 岩石嵌固基础

岩石嵌固基础适用于覆盖层较浅或无覆盖层的强风化岩石地基，其特点是基坑全部掏挖，底板不配筋，施工不需支模。该基础形式充分利用了岩石本身的抗剪强度，具有较强的抗拔承载能力，并且混凝土和钢筋的用量少、基坑开方量小、经济性好，在特高压输电线路工程中应用广泛。其示意图如图6-11所示。

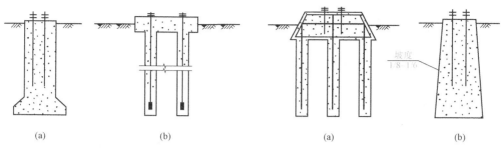

图 6 - 10 岩石锚杆基础图   图 6 - 11 岩石嵌固基础示意图
(a) 直锚式；(b) 承台式   (a) 墩式；(b) 掏挖式

（五）复合型基础

当特高压输电线路工程经过地段具备上覆土层、下有基岩的地基特点时，宜选用锚杆基础与其他类型基础相配合使用的复合型基础，其示意图如图 6 - 12 所示。这类基础充分利用土、岩地基的承载特点，可提高基础整体的承载力性能，同时显著降低基础埋深，减小基础材料耗量，具有良好的经济效益。

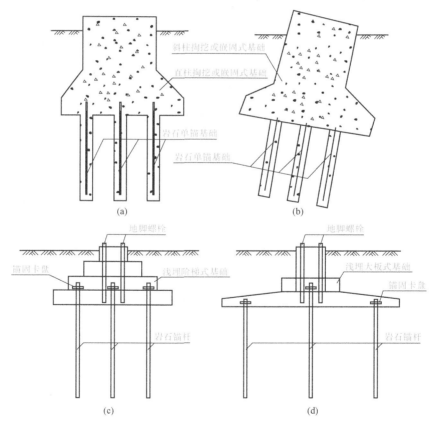

图 6 - 12 复合型基础示意图
（a）岩石锚杆与直柱掏挖或嵌固式基础复合；（b）岩石锚杆与斜柱掏挖或嵌固式基础复合；
（c）岩石锚杆与浅埋阶梯式基础复合；（d）岩石锚杆与浅埋大板式基础复合

课题二 特高压架空输电线路导线及地线

一、特高压架空输电线路导线和地线的结构形式

导线是架空输电线路的主要元件之一，在架空输电线路建设投资中占有很大的比重。特高压架空输电线路分裂导线的选择，除了要满足传送能量的要求外，还要满足电磁环境要求、机械安全特性要求，同时综合考虑初投资与全寿命周期成本。研究表明，电晕产生的无线电干扰和可听噪声对环境的影响，已经成为影响特高压输电线路导线结构形式选择的主要因素。

地线架设在导线上方，其主要作用是防止输电线路遭受雷击，要求机械强度高，具有一定的导电性和足够的热容量。特高压输电线路由于电压等级高、线路重要程度高，对地线防雷提出了更高的要求。

（一）特高压输电线路导线的结构形式

我国特高压输电线路已采用的导线有三种类型。

（1）钢芯铝绞线。其电气性能好，性价比高，运行经验丰富，在架空输电线路中得到大量应用。

（2）钢芯铝合金绞线。其电气性能较好，拉重比优于钢芯铝绞线，有一定的运行经验，在重冰区线路中得到大量应用。

（3）特强钢芯铝合金绞线。其电气性能较好，拉重比高，有一定的运行经验，在大跨越工程中得到大量应用。

表 6-1 是我国已建特高压交直流工程一般线路导线结构形式及相关参数，从表中可见，特高压交流工程导线分裂数多，但导线截面积小于特高压直流工程。这是由于直流工程输送容量大、利用小时数高，线路电阻对输电经济性的影响更大，应用大截面积导线，全寿命周期内年费用较优，可获得更好的经济效益。

表 6-1 我国已建特高压工程线路一般导线结构形式及相关参数

参数	特高压交流试验示范工程	皖电东送工程	云广工程	向上工程	锦苏工程	哈郑工程	溪浙工程
电压等级 (kV)	1000	1000	±800	±800	±800	±800	±800
回路	单	双	单	单	单	单	单
导线铝截面积 (mm^2)	500	630	630	720	900	1000	900
分裂数	8	8	6	6	6	6	6
导线外径 (mm)	30.00	33.60	33.60	36.23	39.90～40.59	42.08～42.82	39.90～40.59
分裂圈直径 (mm)	1045	1045	900	900	900	1000	900
分裂间距 (mm)	400	400	450	450	450	500	450

表 6-2 是近年来我国的部分特高压直流输电工程的导线形式及电流密度值。我国的特高压直流线路的电流密度取值在 $0.67\sim0.91\mathrm{A/mm^2}$ 之间，以火电为电源的线路电流密度相对较低。随着社会经济的发展，导线电流密度有明显下降趋势。

表 6-2　　　　　　　　　我国部分特高压直流输电工程导线形式及电流密度

工程线路	云广工程	向上工程	锦苏工程	溪浙工程	哈郑工程	灵绍工程
电源性质	水电	水电	水电	水电	火电/风电	火电/风电
导线型号	6×LGJ −630/45	6×ACSR −720/50	6×JL/G3A −900/40	6×JL/G3A −900/40	6×JL/G3A −1000/45	6×JL/G2A −1250/70
导线截面积 （mm²）	3780	4352	5400	5400	6000	7500
额定电压 （kV）	±800	±800	±800	±800	±800	±800
额定电流 （A）	3125	4000	4500	4750	5000	5000
电流密度 （A/mm²）	0.827	0.912	0.833	0.879	0.833	0.666

（二）特高压输电线路地线的结构形式

从电网建设的经验来看，早期的地线普遍采用镀锌钢绞线，随着污秽的加重，在经济比较发达地区（如上海市），220kV 以上电网已普遍更换或采用铝包钢绞线。我国的大气环境条件长期以来呈连续下降的态势，降尘和酸雨是造成地线腐蚀的主要原因，因此我国特高压输电线路地线全部采用铝包钢地线。

我国已建成的特高压输电线路采用双地线，多数为一根铝包钢绞线和一根 OPGW。

OPGW 主要有不锈钢管层绞式、中心铝管式和铝骨架式 3 种结构形式。由于层绞式不锈钢管型具有截面积小、与地线匹配性好、温升少、光纤余长大等优点，虽然其耐腐蚀性相对较差，但能够采用填充缆膏弥补的方式加以改进，因此在我国特高压工程线路上得到广泛应用，我国特高压工程线路地线的结构形式见表 6-3。

表 6-3　　　　　　　　　我国特高压工程线路地线的结构形式

参数	特高压 交流试验 示范工程	皖电 东送工程	云广工程	向上工程	锦苏工程	哈郑工程	溪浙工程
电压等级 （kV）	1000	1000	±800	±800	±800	±800	±800
配置	一地线， 一 OPGW	一地线， 一 OPGW	一地线， 一 OPGW	一地线， 一 OPGW	一地线， 一 OPGW （N1～N46）； 其余段均为 两根普通地线	一地线， 一 OPGW	两根普通 地线

参数	特高压交流试验示范工程	皖电东送工程	云广工程	向上工程	锦苏工程	哈郑工程	溪浙工程
地线型号规格	LBGJ-170－20AC	LBGJ-240－20AC	LBGJ-180－20AC	LBGJ-180－20AC	LBGJ-180－20AC	LBGJ-150－20AC	JLB20A－150-19；JLB20A－240-19
地线外径（mm）	17.00	20.00	17.50	17.50	17.50	15.75	15.75；20.00
OPGW型号规格	OPGW-175	OPGW-240	OPGW-180	OPGW-180	OPGW-180	OPGW-150	—
OPGW外径（mm）	17.50	20.30	17.40	17.40	17.40	16.60	—

皖电东送工程输电线路所使用的 OPGW-240 和哈郑直流工程大跨越所用 OPGW-340 结构示意图如图 6-13 所示。

（三）我国特高压输电线路所用新型导线

1. 大截面积钢芯高电导率铝绞线

大截面积导线基本类型为钢芯铝绞线，其导体材料铝单线可以是圆线也可以是型线。我国在硬铝的研发、生产上取得了进步，根据我国铝单线的生产水平及工程需要的情况，将不同高电导率的硬铝线分为 4 个等级，电导率分别为 61.5％IACS（IACS 为国际退火铜标准，即导体电导率与纯铜电导率的比值，以百分数表示，假定纯铜的电导率为 100％）、62％IACS、62.5％IACS、63％IACS，对应的型号为 L1、L2、L3、L4。

900mm^2 钢芯高电导率铝绞线结构如图 6-14 所示。

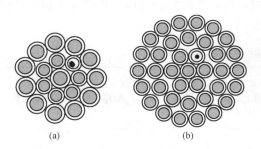
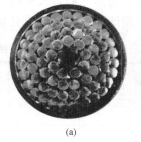
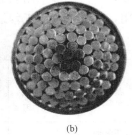

图 6-13　层绞式 OPGW 结构示意图
（a）OPGW-240；（b）OPGW-340

图 6-14　900mm^2 钢芯高电导率铝绞线结构示意图
（a）JL1/G3A-900/40-72/7；（b）JL1/G2A-900/75-84/7

为特高压直流工程研制的 900、1000mm^2 大截面积钢芯高电导率铝绞线导线具有下列特点。

（1）导线铝股电阻率不大于 $0.028034\Omega \cdot \text{mm}^2/\text{m}$（61.5％IACS），而 GB/T 1179—

2008《圆线同心绞架空导线》要求钢芯铝绞线用铝股电阻率不大于 0.028264Ω・mm²/m（61％IACS）。

（2）均由 4 层铝股组成，而此前在一般输电线路上所用钢芯铝绞线的铝绞层最多只有 3 层。

（3）JL1/G3A-900/40-72/7 与 JL1/G3A-1000/45-72/7 的铝钢截面积比为 23 倍，而 2010 年前我国主干输电线路上大量采用的钢芯铝绞线铝钢截面积比均小于 20 倍。

（4）要求铝股抗拉强度极差（同类单线抗拉强度最大值与最小值的差值）为 25MPa，钢线抗拉强度极差为 150MPa，而 GB/T 1179—2008 对此无要求。

（5）导线外层无接头，内层接头总数不能超过 4 个/盘，GB/T 1179—2008 规定接头总数不能超过 5 个。

（6）包装采用可拆卸式全钢瓦楞结构架空导线交货盘 PL/4 2600×1500×1900，900mm² 导线盘长为 2900m，1000mm² 导线盘长为 2500m。既可提高放线施工效率，又可以减少因使用铁木复合盘具带来的浪费。

国产 JL1/G3A-1000/45-72/7 导线部分指标与美国 ASTM 标准对照表见表 6-4。由表 6-4可以看出，国导线的技术水平已经达到国际领先水平。

表 6-4　　国产 JL1/G3A-1000/45-72/7 导线部分指标与美国 ASTM 标准对照表

技术指标	中国技术条件	美国 ASTM 标准	工程设计目的
铝单丝电导率	≥61.5％IACS	≥61％IACS	降低直流电阻
铝单丝抗拉强度极差	≤25MPa	没有要求	保证导线各铝单丝受力均匀
钢单丝抗拉强度极差	≤150MPa	没有要求	保证导线各钢单丝受力均匀

注　IACS 为国际退火标准值，既导体电导率与纯铜电导率的比值，以百分数表示，假定纯铜的电导率为 100％。

国家电网公司于 2013 年 9 月发布 5 种 1250mm² 级大截面积导线的技术条件，分别为钢芯铝绞线 JL1/G3A-1250/70-76/7、JL1/G2A-1250/100-84/19（如图 6-15 所示），钢芯成型铝绞线 JL1X1/G3A-1250/70-431、JL1X1/G2A-1250/100-437（如图 6-16 所示），铝合金芯成型铝绞线 JL1X1/LHA1-800/550-452（如图 6-17 所示）。

图 6-15　JL1/G2A-1250/100-84/19 钢芯铝绞线　　　图 6-16　JL1X1/G2A-1250/100-437 钢芯成型铝绞线　　　图 6-17　JL1X1/LHA1-800/550-452 铝合金芯成型铝绞线

各种 1250mm² 级大截面积导线的技术参数见表 6-5 和表 6-6。

表 6 - 5　　　　　　　　　　　1250mm² 钢芯铝绞线主要技术参数

项　目			技　术　参　数	
产品型号规格			JL1/G3A-1250/70-76/7	JL1/G2A-1250/100-84/19
结构示意图				
结构 （根数/直径， 根/mm）	铝	外层	28/4.58	30/4.35
		邻外层	22/4.58	24/4.35
		邻内层	16/4.58	18/4.35
		内层	10/4.58	12/4.35
	钢	12 根层	—	12/2.61
		6 根层	6/3.57	6/2.61
		中心层	1/3.57	1/2.61
计算 截面积 （mm²）	合计		1322.16	1350.03
	铝		1252.09	1248.38
	钢		70.7	101.65
外径（mm）			$47.35^{+1\%}_{0}$	$47.85^{+1\%}_{0}$
单位长度质量（kg/km）			$4011.1^{+2\%}_{0}$	$4252.3^{+2\%}_{0}$
20℃时直流电阻（Ω/km）			≤0.02291	≤0.02300
额定拉断力（kN）			294.23	329.85
弹性模量（GPa）			62.2±3	65.2±3
线膨胀系数（1/℃）			$21.1×10^{-6}$	$20.5×10^{-6}$

表 6 - 6　　　　　1250mm² 钢芯成型铝绞线与铝合金芯成型铝绞线主要技术参数

项　目	技　术　参　数		
产品型号规格	JL1X1/G3A-1250/ 70-431	JL1X1/G2A-1250/ 100-437	JL1X1/LHA1-800/ 550-452
结构示意图			

续表

项　　目			技　术　参　数		
结构 （根数/直径， 根/mm）	铝	外层	24/4.93	21/5.16	24/4.82
		邻外层	19/4.93	17/5.16	—
		邻内层	14/4.93	13/5.16	—
		内层	9/4.93	9/5.16	20/4.82
	钢/铝 合金	18 根层	—	—	18/4.35
		12 根层	—	—	12/4.35
		6 根层	6/3.57	12/2.61	6/4.35
		中心层	1/3.57	6/2.61	1/4.35
计算 截面积 （mm²）	合计		1329.95	1356.35	1352.74
	铝		1259.88	1254.70	802.86
	钢		70.7	101.65	549.88
外径（mm）			43.11±0.4	43.67±0.4	45.15±0.4
单位长度质量（kg/km）			4055.1±81	4290.1±86	3737.6±74
20℃时直流电阻（Ω/km）			≤0.02292	≤0.02301	≤0.02253
额定拉断力（kN）			289.18	324.59	289.00
弹性模量（GPa）			62.1±3	65.1±3	55±3
线膨胀系数（1/℃）			21.1×10⁻⁶	20.5×10⁻⁶	23×10⁻⁶

为了配合将±800kV 直流工程的输送能力提高到 9600MW 及以上的技术方案，还将开发 1520mm² 级大截面积导线，经过技术经济比较，JL1X/LHA1-1040/550 铝合金芯成型铝绞线在多个比选条件下具有一定优势。

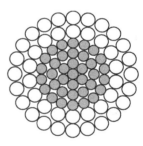

2. 铝合金芯高电导率铝绞线

国际上，铝合金芯铝绞线（ACAR）是以铝合金（牌号 6201）芯为中心层，用硬拉铝线（牌号 1350）同心绞合而成。我国将硬铝的电导率提高，研制出了铝合金芯高电导率铝绞线。

图 6 - 18　JL1/LHA1-745/335-42/37 铝合金芯高电导率铝绞线结构示意图

JL1/LHA1-745/335-42/37 铝合金芯高电导率铝绞线结构示意图如图 6 - 18 所示，在哈郑工程使用了该导线近 2000t。其与 JL1/G2A-1000/80-84/19 铝合金芯高电导率铝绞线的主要参数对比见表 6 - 7。

表 6 - 7　　　　JL1/G2A-1000/80-84/19 铝合金芯高电导率铝绞线与
JL1/LHAl-745/335-42/37 铝合金芯高电导率铝绞线参数对比

导线参数		JL1/G2A-1000/80-84/19	JL1/LHAl-745/335-42/37
结构 （股数×mm）	铝	84×φ3.89	42×φ4.76
	铝合金	—	37×φ3.40
	钢	19×φ2.34	—

续表

导线参数		JL1/G2A-1000/80-84/19	JL1/LHA1-745/335-42/37
截面积（mm²）	铝	998.32	747.40
	铝合金	—	335.93
	钢	81.71	—
	总截面	1080.0	1083.33
外径（mm）		42.82（100%）	42.84
计算质量（kg/km）		3403.8（100%）	2995.9（88%）
额定拉断力（kN）		264.32（100%）	223.3（84%）
弹性模量（MPa）		65200	55000
线膨胀系数（×10⁻⁶1/℃）		20.5	23
20℃时直流电阻（Ω/km）		0.02876（100%）	0.02774（96.5%）
功率损耗（kW/km）		251.8	242.8

从表 6 - 7 可以看出，JL1/LHA1-745/335-42/37 铝合金芯高电导率铝绞线和 JL1/G2A-1000/80-84/19 铝合金芯高电导率铝绞线直径基本相等，所以 6×JL1/LHA1-745/335-42/37 铝合金芯高电导率铝绞线与 6×JL1/G2A-1000/80-84/19 铝合金芯高电导率铝绞线在相同高度下的电磁环境指标基本相当，电晕损耗也基本相当；JL1/LHA1-745/335-42/37 铝合金芯高电导率铝绞线的直流电阻有一定程度减少，能减少功率损耗 9kW/km。JL1/LHA1-745/335-42/37 铝合金芯高电导率铝绞线的初投资虽略有增加，但由于损耗较小，因而年费用指标较好。

3. 扩径导线

同一种导线随着海拔的增加，起晕电压降低，从防电晕的角度而言需要适当增大导线直径。此外，在某些区域，为了降低电晕噪声，也需要增大导线的外径，以降低导线的场强，从而降低电晕噪声，但是不需要增大导体截面积。为了满足这一要求，需要在保持导体截面积不变的前提下扩大导线的外径，这就是扩径导线。扩径导线是一个统称，是指直径比等截面密实导线要大的导线，按照使用地点不同，可分为扩径母线、扩径导线和扩径跳线，前者主要用于变电站的母线，后两者使用在输电线路上。

扩径导线类型很多，结构差异较大，中国特高压输电线路较多使用的是疏绞式扩径导线，其因造价低成为优先考虑的扩径方式。以往工程中应用的是圆线疏绞式扩径导线，通过大量试验研究表明，大截面积的圆线疏绞式扩径导线结构稳定性差、过滑轮易跳股，这主要是由于导线内层本应均匀分布的铝线股经过滑轮后产生偏移导致铝股聚集，同时层间的铝线为线与线的接触，极易发生铝线跳股现象。

对于扩径率比较大的导线则无法采用疏绞式，否则截面积稳定性差，可以选择填充式与型线相结合的扩径方式，综合考虑技术成熟度与经济性，故选定在钢芯外挤压高密度聚乙烯 HDPE（开槽）作为支撑的支撑型扩径导线。中国电力科学研究院开发了高密度聚乙烯支撑型扩径导线 JLXK/G2A-630（900）/50、JLXK/G2A-720（900）/50，但这类导线尚未在工程中得到应用。各种扩径导线的主要技术参数见表 6 - 8 和表 6 - 9。

表 6-8 疏绞式扩经导线主要技术参数

项 目			技 术 参 数
产品型号规格			JLXK/G2A-720（900）/50
结构示意图			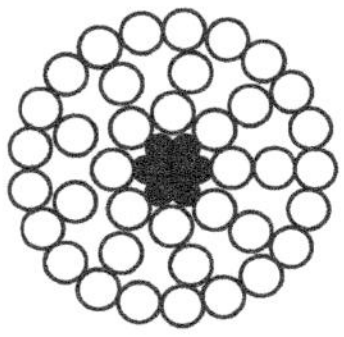
结构 （根数/直径，根/mm）	铝	外层	21/4.53
		邻外层	9/4.71
		内层	8/4.71
	钢	6 根层	6/2.80
		中心层	1/2.80
计算 截面积（mm²）	合计		677.76
	铝		634.66
	钢		43.1
外径（mm）			36.30±1%
单位长度质量（kg/km）			2090±2%
20℃时直流电阻（Ω/km）			≤0.04542
额定拉断力（kN）			159.9
弹性模量（GPa）			63.6±3
线膨胀系数（1/℃）			20.8×10⁻⁶

表 6-9 高密度聚乙烯支撑型扩径导线主要技术参数

项 目			技 术 参 数	
产品型号规格			JLXK/G2A-630（900）/50	JLXK/G2A-720（900）/50
结构示意图				
结构	铝（根数/单线截面积，根/mm²）	外层	30/11.45	24/17
		内层	24/12.02	18/18
	HDPE（直径）（mm）		27.2	24.4
	钢（根数/直径，根/mm）	6 根层	6/3.02	6/3.02
		中心层	1/3.02	1/3.02

续表

项 目		技 术 参 数	
计算截面积（mm²）	合计	930	974
	铝	630	720
	钢	50	50
	HDPE	250	204
外径（mm）		40.0±1%	40.0±1%
单位长度质量（kg/km）		2366±2%	2570±2%
20℃时直流电阻（Ω/km）		≤0.04576	≤0.04004
额定拉断力（kN）		155	168
弹性模量（GPa）		56.5±3	57.5±3
线膨胀系数（1/℃）		$20.5×10^{-6}$	$20.8×10^{-6}$

4. 扩径跳线

在皖电东送工程同塔双回路的跳线因电磁环境要求较高的特殊条件，对导线最小外径要求远高于输送容量所要求的导电截面积，因此采用扩径跳线。

图 6-19 JLK/G1A-725(900)/40 扩经跳线

根据皖电东送工程的相关科研成果，若跳线采用与导线型号相同的钢芯铝绞线 JL/G1A-630/45，则60°耐张塔采用铝管硬跳线时跳线表面场强最高为 2762V/mm，笼式跳线外角侧一根子导线最高场强达到 2863V/mm，不满足 2500V/mm 的控制要求。经计算，耐张塔跳线需采用 39.9mm 直径的 8 分裂导线才能满足表面场强的控制要求。

通过对 630mm² 截面积和 725mm² 截面积导线分别扩径至 900mm² 两种导线方案进行截面积稳定性分析，仿真计算结果表明跳线应采用 JLK/G1A-725(900)/40 扩经跳线（如图 6-19 所示），因其截面积稳定性的表征指标——跳股张力大（可达 15% 的额定拉断力），能够满足扩径跳线采用非张力放线的施工要求。

扩径跳线应使用未受过张力的导线制作。试验线段跳线电晕结果表明其完全满足工程要求。

二、特高压架空输电线路振动

特高压架空输电线路导线、地线振动主要有微风振动、舞动和次档距振荡三种形式。微风振动会造成导线疲劳断股、导线和金具的磨损；舞动会造成导线、金具的磨损，严重时甚至断线倒塔；次档距振荡容易导致间隔棒线夹的损坏和线夹处导线的磨损。线路的振动可能导致电气故障，影响线路长期运行的可靠性。特高压输电线路对地挂点更高，风能、微风振动频率范围均相应增大，大截面积导线微风振动频率下限低、导线低频段自阻尼小，往往是防振的薄弱环节。但与超高压线路相比，在防振上也有有利因素，即导线分裂数增多，使间隔棒对子导线的牵扯效应更为显著，从而有助于降低微风振动水平。研究表明，采用适宜的间隔棒形式及合理的安装方式可较好解决特高压输电线路微风振动问题。在防治特高压输电线路次档距振荡方面，可以借鉴超高压输电线路防治经验，如采用阻尼型柔性间隔棒、缩小次档距、采用不等距安装等措施来抑制线路次档距振荡。特高压输电线路采用多分裂导线，导线线路档距大，舞动情况有可能会比超高压线路更为严重，在舞动多发地区建设特高压线路时，有必要吸取超高压输电线路舞动教训，借鉴其舞动治理经验，采取预先的舞动防范措施。

（一）架空线微风振动

架空线的微风振动是一种由气流的漩涡（卡门涡流）在架空线被风侧交替脱落所产生的振动现象，其特征是频率高（3~120Hz）、振幅一般不超过导线直径。由于架空线微风振动在0.5m/s以上的风速环境中都能发生，因此微风振动几乎每时每刻都在发生，具有长时性特点。尽管微风振动幅度较小，不至于对架空线的静态强度产生较大影响，但由于长时间的振动会使架空线中的线股以及有关金具产生疲劳损伤，从而影响线路运行的安全性。

架空线振动的频率与架空线子导线的直径及风速有关

$$f = s\frac{v}{D} \tag{6-1}$$

式中　f——振动频率，Hz；

　　　s——斯托罗哈数，s为0.185~0.210，我国取0.200；

　　　v——垂直于架空线的风速，m/s；

　　　D——架空线子导线直径，m。

1. 普通线路导线微风振动

我国超高压输电线路导线的微风振动问题比较突出，断股事故时有发生。作为防治措施，除了采用阻尼间隔棒进行防振外，一般还需加装防振锤。特高压输电线路与超高压输电线路相比，对地挂点更高，风能、微风振动频率范围均相应增大。当采用大截面积导线时由于导线直径增大，使微风振动频率下限变低，而导线的低频段自阻尼较小，往往是防振的薄弱环节。但与超高压输电线路相比，导线分裂数增多，使间隔棒对子导线的牵扯效应更为显著，从而降低了微风振动水平。

我国在特高压导线微风振动的防治方面开展了一系列的研究工作。特高压交流试验示范工程的普通线路采用8分裂导线，导线的微风振动水平较相同条件下的单导线小得多，易于防治；同时设计了8分裂导线阻尼间隔棒，并对间隔棒次档距进行了合理布置，有效地抑制了导线微风振动。±800kV特高压直流输电线路工程采用大截面积导线，由于大截面积导线吸收风能相对较大，风振频率相对较低。为此，开展了大截面积导线防振专题研究，设计了与900mm²及1000mm²大截面积导线适配的防振锤，通过理论计算及模拟试验等手段，确定了防振锤的配置方法，解决了大截面积导线的防振问题。

2. 地线微风振动

相对于超高压输电线路而言，特高压输电线路的地线挂点更高、档距更大，微风振动更为显著，因此特高压输电线路地线微风振动问题比较突出，防振难度较大。

采用OPGW增加了防振问题复杂性。通过研究与实践，采用预绞式线夹防振锤、螺栓线夹防振锤等方案解决了 OPGW 的防振问题。

　　处于大风地区的输电线路，微风振动将更加剧烈，振动频率更高，持续时间更长。在我国西北大风地区，微风振动引起的地线断股事故时有发生。因此，大风地区地线的防振需要

图 6-20　4 自振频率预绞式线夹防振锤

特殊对待。哈郑工程途经新疆、甘肃、宁夏、陕西、山西、河南 6 省（自治区），其中新疆、甘肃和宁夏部分地区属于西北大风区，大风持续时间长，风速均匀平稳，线路微风振动持续时间长、振动幅度大、振动频率范围宽，防振措施必须覆盖地线全部风振频率才能保证线路的安全稳定运行。为此，特高压输电工程设计了 4 自振频率预绞式线夹防振锤用于地线防振，如图 6-20 所示。该防振锤具有 4 个谐振频率，最高谐振频率达 110Hz 左右，因此防护频率可以覆盖大风地区地线微风

振动的所有频率，有效提升了地线的防振水平。

　　3. 大跨越微风振动

　　由于我国地域广阔、地理条件复杂，大江、大河纵横交错，因而特高压输电线路中有相当数量的大跨越，甚至有档距在 2000m 以上的特大跨越。由于特高压大跨越挂点高、档距大，风速高，地形条件又有利于产生平稳的层流风，因此微风振动一般比较剧烈；加之大跨越一旦发生事故，抢修困难，损失巨大，因而需要对大跨越微风振动问题予以特别重视。

　　我国特高压大跨越导线、地线通常采用 Bate 阻尼线和防振锤的联合防振方案。考虑不同长度阻尼线花边的频率响应范围，防振方案选择不同长度的阻尼线花边进行组合，使其在整个微风振动频率范围内均具有良好的耗能减振作用，并对主要振动频率范围重点防护。档中侧（如图 6-21 右侧）小花边可根据需要进行剥层处理，一方面可以减轻右侧花边的质量，降低花边线夹处导线的动弯应变值；另一方面可以改变该花边的响应频率，改善防振方案的频响特性。同时在大花边（左侧）中安装防振锤来加强低频振动时的防振效果，通过防振锤和阻尼线的密切配合可使整个防振方案的性能达到最佳。特高压大跨越防振方案必须通过理论计算和实验室模拟试验相结合的手段来确定。

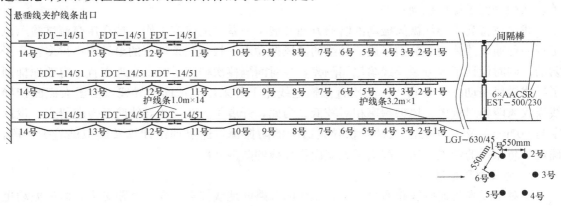

图 6-21　某特高压输电线路大跨越微风防振方案示意图

我国电力科学研究院的微风振动实验室，其试验系统增加荷载能力达 1280kN，测试通道数量达 192 个，能够满足 8 分裂导线防振试验研究的需要。实验室完成了多项特高压交直流输电工程大跨越防振方案的设计和试验，详见表 6 - 10。

表 6 - 10　　　　　　　　　　已完成防振方案设计的特高压大跨越工程

序号	工程名称	跨越档距	导线型号
1	特高压交流试验示范工程输电线路沿山头汉江大跨越、西化工黄河大跨越	706m～1650m～600m 450m～1220m～995m～986m	6×AACSR/EST-500/230
2	皖电东送工程淮河、长江大跨越	520m～1300m～620m 710m～1817m～653m	6×AACSR/EST-640/290
3	向上工程杨家厂、胡家滩、扎营港、新吉阳长江大跨越	500m～1580m～500m 840m～1705m～856m 509m～1733m～476m 518m～2052m～415m	4×AACSR/EST-640/290
4	锦苏工程杨家厂、胡家滩、扎营港、新吉阳长江大跨越	500m～1610m～500m 632m～1719m～773m 496m～1639m～635m 454m～1931m～540m	4×AACSR/EST-720/320
5	哈郑工程黄河大跨越	450m～1200m～1350m～900m	4×AACSR/EST-900/240

（二）导线舞动

由于特高压输电线路具有导线分裂数多、截面积大、对地高度高、档距大等易于舞动的特点，特高压输电线路在特定条件下会发生舞动，且舞动情况有可能会比超高压输电线路更为严重。

特高压输电线路在舞动特征和舞动发生条件方面与其他电压等级输电线路基本相同。

（1）从舞动的特征来看，舞动轨迹包络线一般为椭圆形，舞动最大幅值发生在垂直方向。

（2）特高压输电线路舞动发生的条件一般是风速 6～25m/s，风向与线路走向基本垂直；覆冰厚度 3～15mm，气温 0～6℃；地形一般为平原开阔地、江河湖面等。

我国是舞动多发国家，舞动分布呈现明显的地域特色，主要集中在中东部地区，其中湖北、河南、辽宁是强舞动区，对经过这些地区的新建特高压线路应重视防舞动工作，必要时应采取防舞动措施。

针对特高压输电线路结构、电气特点及防舞动要求，根据改变覆冰形状实现防舞动的理论基础开发了线夹回转式间隔棒，通过将间隔棒部分线夹设计成可自由或在一定角度范围内回转，从而改变覆冰冰型实现防舞动功能，同时仍保留了导线间隔棒的功能，经实际应用取得了良好的防治导线舞动的效果，已经成为特高压输电线路防舞动的主要应用措施之一。针对舞动较严重的地区开发了组合式防舞动装置，将两种不同防舞动机理的装置进行组合应用，提高了防舞动效果。线夹回转式间隔棒如图 6-22 所示，它与双摆防舞器组成的线夹回转式间隔棒双摆防舞器如图 6-23 所示。

图 6-22　线夹回转式间隔棒

图 6-23　线夹回转式间隔棒双摆防舞器

（三）导线次档距振荡

架空输电线路导线的次档距振荡是一种由迎风侧子导线的尾流所诱发的背风侧子导线的不稳定振动现象。这是一种分裂导线特有的振动形式。次档距振荡的振动频率一般为 1～3Hz，振幅可达直径的几倍到十几倍，介于微风振动和舞动之间。次档距振荡的危害主要是造成间隔棒、导线和悬垂金具的机械损伤，从而影响输电线路运行的安全。

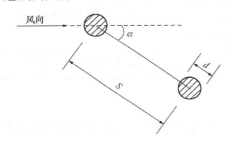

图 6-24　子导线布置关系示意图

影响导线次档距振荡强度的主要因素包括子导线间距 s 与子导线直径 d 的比值 s/d 以及子导线排列对风向的方位角 a，如图 6-24 所示。表 6-11 所示为各国推荐的特高压输电线路导线 s/d 值。一般认为，当 2、3 分裂导线的 $s/d>16$、4 分裂导线的 $s/d>20$ 时或者方位角 $a>15$ 时，发生次档距振荡的概率较低。但对于特高压输电线路，由于分裂数多达 6～8，电气要求又比较苛刻，因此其布置上要比超高压输电线路所用的 2～4 分裂导线困难得多，一般难以满足上述要求。特高压输电线路的 s/d 值一般为 10～17，所以应特别重视特高压输电线路的次档距振荡问题。

表 6-11　　　　　　　　　　各国推荐的特高压输电线路导线 s/d 值

国家	苏联	日本	美国	意大利	英国	中国	
推荐单位	动力电气化部	东京电力公司	邦纳维尔电力局	ENEL	CEGB	国家电网公司	
电压等级（kV）	1150	1000	1100	1000	1300	±800	1000
分裂数	8/10	8	8	8	8	6	8
s/d	167.7/15.9	10.4/11.7	10	14.3	12	11.1～11.7	16.7

注　因不同分裂数、不同导线外径的差异，表中部分 s/d 值有 2 个值。

课题三 特高压架空输电线路绝缘子

一、特高压交流架空输电线路绝缘子

（一）盘形悬式瓷和玻璃绝缘子

特高压交流输电线路采用额定机电负荷为 300、420、550kN 型盘形悬式瓷和玻璃绝缘子，其主要技术参数见表 6-12。

表 6-12　　　　特高压交流工程用盘形悬式瓷、玻璃绝缘子主要技术参数

种类	型号	伞形	额定机电（械）负荷（kN）	结构高度（mm）	盘径（mm）	爬电距离（mm）
瓷	U300BP/195D	双伞	300	195	330	485
	U300BP/195T	三伞	300	195	360	635
	U420BP/205D	双伞	420	205	380	550
	U420BP/205T	三伞	420	205	400	635
	U550B/240	普通	550	240	380	700
玻璃	FC550p/240	普通	550	240	320	700

（二）棒形悬式复合绝缘子

特高压交流线路采用额定机电负荷为 210～550kN 复合绝缘子，主要尺寸及技术参数见表 6-13，我国特高压交流试验示范工程线路用复合绝缘子如图 6-25 所示。

表 6-13　　　　　　210～550kV 复合绝缘子主要尺寸及技术参数

序号	项　目	技术参数
1	额定工作电压（kV）	1000
2	额定机械拉伸 1min 耐受负荷（kN）	210、300、420、550
3	（湿）工频 1min 耐受电压（方均根值，kV）	≥990
4	（干）雷电冲击耐受电压（峰值，kV）	≥3200
5	（湿）操作冲击耐受电压（峰值，kV）	≥1675
6	可见电晕电压（kV）	≥700
7	结构高度（mm）	9750/10530
8	干弧距离（mm）	＞9000
9	爬电距离（mm）	＞32000
10	金具连接标记	20、24、28、32

注　上述尺寸参数可以满足海拔小于 1000m，b，c，d，e 级污秽地区使用；当海拔超过 1000m 时，按 GB 311.1—2012《绝缘配合第一部分：定义、原则和规则》进行修正。

图 6-25　我国特高压交流试验示范工程线路用复合绝缘子

二、特高压直流架空输电线路绝缘子

直流绝缘子不同于交流绝缘子主要表现在以下两个方面：①同样污秽条件下，直流绝缘子的污闪电压低于交流绝缘子污闪电压的 15%～30%；②由于单向电场的影响，直流绝缘子的表面积污远高于交流绝缘子，平均高出 1 倍。因此，合理配置直流线路绝缘子显得尤为重要。

（一）盘形悬式瓷和玻璃绝缘子

特高压直流工程线路用瓷绝缘子示意图如图 6-26 所示。特高压直流输电线路用盘形悬式瓷绝缘子的主要技术参数见表 6-14 所示。线路上批量应用的绝缘子机械强度最高达到 550kN，2012 年我国已研发出额定机电负荷为 760kN 大吨位盘形悬式瓷绝缘子和玻璃绝缘子，产品已通过鉴定，已有多个制造厂家生产的额定机电负荷为 760kN 盘形绝缘子在 ±800kV 特高压直流工程中试挂。输电线路耐张串应用大吨位绝缘子，可以有效降低绝缘子联数，简化金具串型和铁塔挂点，提高工程可靠性，批量应用后可有效降低工程建设成本。

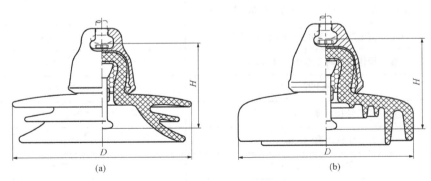

图 6-26　特高压直流工程线路用瓷绝缘子示意图
（a）三伞形直流瓷绝缘子；（b）钟罩形直流瓷绝缘子

表 6－14　　　　　　　特高压直流输电线路用盘形悬式瓷绝缘子的主要技术参数

种类	型号	额定机电（械）负荷（kN）	结构高度（mm）	盘经（mm）	爬电距离（mm）
钟罩型	U210B/170H	210	170	320	560
	U300B/195H	300	195	400	635
	U420B/205H	420	205	340	560
	U550B/240H	550	240	380	635
三伞形	U210B/170H	210	170	340	560
	U300B/195H	300	195	400	635
	U420B/205H	420	205	400	635
	U550B/240H	550	240	400	635

（二）棒形悬式复合绝缘子

1. 技术参数

我国在复合绝缘子的研究与制造方面已达到国际领先水平，复合绝缘子在多次区域性和大面积污闪事故中表现出了优异的耐污性能。新建特高压直流线路悬垂串上已开始大批量使用高温硫化硅橡胶复合绝缘子。±800kV 特高压直流输电线路复合绝缘子技术参数见表6 -15。

表 6－15　　　　　　　±800kV 特高压直流输电线路复合绝缘子技术参数

序号	项　目	技 术 参 数
1	额定工作电压（kV）	±800
2	额定机械破坏负荷（kN）	160/240/300/420/550
3	（湿）工频 1min 耐受电压（kV）	≥900
4	雷电全波冲击耐受电压（kV）	≥3600
5	（湿）操作冲击耐受电压（kV）	≥1950
6	可见电晕电压（kV）	正常运行情况下无可见电晕
7	结构高度（mm）	10600/11500/12000
8	绝缘距离（mm）	10465/11065/11565
9	爬电距离（mm）	36300/39600/41400
10	金具连接标记	20/20/28/32

2. 大吨位复合绝缘子在耐张串上的应用

耐张复合绝缘子的电气性能并不是影响现有线路设计的关键参数，而机械性能、可靠性和安全系数的选取已成为其在耐张串上使用的关键特性或参数。为确保复合绝缘子在耐张串上的可靠性，特高压耐张串棒形悬式复合绝缘子应通过机械振动试验，通过模拟其运行状态，对每根分裂导线沿其轴线方向施加平均运行张力。试验规定，绝缘子须安装上运行

图 6-27　耐张复合绝缘子在锦苏
工程的挂网使用情况

时所具有的全部金具，如均压装置、联板等，试验档距应大于 40m。机械振动试验的振动角为 30′，振动频率为 20～40Hz，振动次数不小于 $3×10^7$ 次。振动后，对 50% 的绝缘子（如果支数为奇数，则向上取整）进行水煮试验，水煮试验后依次进行外观检查试验、陡波前冲击电压试验和干工频电压试验，其余 50% 的绝缘子应进行 120% 额定机械负荷 24h 耐受试验（或机械破坏负荷试验）。耐张复合绝缘子在锦苏工程的挂网使用情况如图 6-27 所示。

3. 特高压分段复合绝缘子

特高压直流工程电压等级高、路径长，工程建设使用大量复合绝缘子，结构高度经常超过 10m。在地形复杂区段，超长复合绝缘子的运输、施工存在诸多不便，且难度大。此外，对于超长复合绝缘子，在生产制造中由于长芯棒的变形，复合绝缘子在生产线的流转较为困难，在挤包护套和整体注射工序中容易产生缺陷或偏心，造成合格率降低等问题。因此，特高压直流工程在运输困难的山区采用了 ±800kV 分段复合绝缘子。分段复合绝缘子按中间对称分段设计，分段后绝缘子串长保持不变，中间连接配套金具采用"三封闭碗头和高压端 U 型环"方案。分段复合绝缘子及配套金具连接示意图如图 6-28 所示。

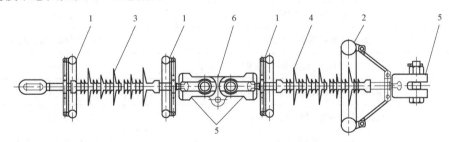

图 6-28　分段复合绝缘子及配套金具连接示意图
1—小均压装置；2—接地端均压装置；3—下肢复合绝缘子；4—上肢复合绝缘子；
5—封闭碗头；6—偏心板

我国复合绝缘子端部的压接工艺较为成熟，端部压接强度的分散性是可控的。分段复合绝缘子两端金具与常规复合绝缘子一样，采用压接连接，在保证足够高的端部压接强度下，分段复合绝缘子的机械特性验证可理解为验证中间连接金具（封闭碗头和偏心板等）的机械性能。封闭碗头的机械强度验证性试验表明，所有额定机械强度的封闭碗头，在施加 1.2 倍额定机械负荷时，均未发生破坏，满足 GB/T 2314—2008《电力金具通用技术条件》和 GB/T 2317.1—2008《电力金具试验方法　第 1 部分：机械试验》的要求。

课题四　特高压架空输电线路金具

特高压输电线路所用的电力金具，由于导线分裂数多、张力大等特点，需要对间隔棒、悬垂金具、耐张金具及跳线金具等的研究与设计特别重视。分裂数的增加使特高压输电线路的间隔棒与超高压线路明显不同。考虑防振的要求，特高压线路间隔棒宜采用环形的柔性阻尼间隔棒，不等距安装。特高压输电线路悬垂金具、耐张金具负荷更高，其选型与设计难度更大，应充分重视。特高压输电线路由于电压等级的提高，电晕产生的噪声和无线电干扰、绝缘子串的电压分布等问题显得更为突出，需要采取合适的电气防护金具。为了减小跳线的弧垂和风偏，我国特高压输电线路宜采用装配式硬跳线。

一、间隔棒

特高压输电线路一般采用阻尼间隔棒，一方面是使一相（极）导线中各根子导线之间保持适当的间距；另一方面是通过自身的阻尼特性，降低微风振动和次档距振荡对导线的危害。

我国已投运的 1000kV 特高压交流试验示范工程和皖电东送工程普通线路间隔棒均为 8 分裂阻尼间隔棒，子导线间距为 400mm。已投运的向上工程、锦苏工程、哈郑工程和溪浙工程普通线路间隔棒均为 6 分裂阻尼间隔棒，子导线间距有 450mm 和 500mm 两种。特高压交直流输电线路用阻尼间隔棒本体均为双板形式，在易舞动区采用线夹回转式防舞动间隔棒，旨在通过改变导线覆冰形状抑制舞动的发生。我国特高压输电线路阻尼间隔棒如图 6-29 所示。

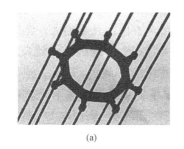
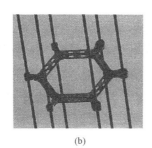
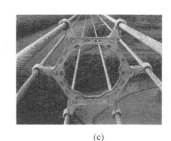

(a)　　　　　　　　　　(b)　　　　　　　　　　(c)

图 6-29　我国特高压输电线路阻尼间隔棒

(a) 安装在 1000kV 一般线路上的 8 分裂间隔棒；(b) 安装在 1000kV 大跨越上的 6 分裂间隔棒；
(c) 安装在 ±800kV 普通线路上的 6 分裂间隔棒

二、悬垂金具

悬垂金具的作用是把导线通过绝缘子串悬挂到直线塔上，其主要元件是悬垂线夹。悬垂线夹对于导线来说是个支点，要承受由导线传递过来的全部荷载，悬垂线夹的选型设计对于确保线路运行安全有着重要作用。就特高压输电线路而言，导线截面积相对较大，线路档距较大，悬垂线夹承受的荷载会更高，其选型与设计难度更大。

我国特高压交流输电线路悬垂串有 I 型串和 V 型串两种形式，如图 6-30 所示。悬垂联板有普通悬垂联板和十字形悬垂联板两种，如图 6-31 所示。特高压直流输电线路悬垂串主要采用 V 型串，如图 6-32 所示。

我国特高压交直流输电线路均采用防晕型悬垂线夹，具有良好的防晕效果，悬垂联板处无须安装屏蔽环。导线悬垂线夹以提包式为主，如图 6 - 33 所示，少量采用预绞式悬垂线夹。

图 6 - 30　特高压交流输电线路悬垂串

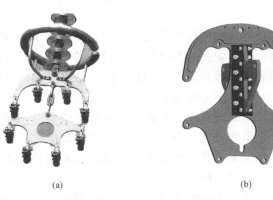

(a)　　　　　　　　　　　　　(b)

图 6 - 31　特高压交流输电线路悬垂串悬垂联板
（a）普通悬垂联板；（b）十字形悬垂联板

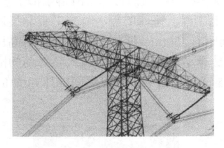

图 6 - 32　特高压直流输电线路 V 型悬垂串

图 6 - 33　特高压交流输电线路提包式导线悬垂线夹

三、耐张金具

耐张金具的作用是把导线通过耐张绝缘子串锚定在耐张塔上，耐张金具是一个耐张段导线的终点，承受着导线的全部张力。

我国特高压交、直流输电线路导线耐张串有两联、三联和四联等形式，交流输电线路两联耐张串如图 6 - 34 所示，直流输电线路三联耐张串如图 6 - 35 所示。

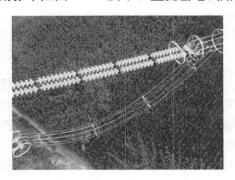

图 6 - 34　特高压交流输电线路两联耐张串

图 6 - 35　特高压直流输电线路三联耐张串

四、屏蔽环与均压环

特高压输电线路由于电压等级的提高，金具电晕产生的噪声和无线电干扰、绝缘子中的电压不均匀分布等问题显得更为突出，这是特高压输电线路设计中应重点关注的问题。我国特高压输电线路主要通过采用屏蔽环和金具表面圆弧处理这两种方式来防晕。耐张串屏蔽环有侧环和圆环两种结构形式，圆环有开口，可以最后安装，导线悬垂串未安装屏蔽环。特高压输电线路悬垂串和耐张串均安装均压环，Ⅰ型悬垂串均压环采用开口形式；Ⅴ型悬垂串均压环有圆环、跑道环等形式。耐张串均压环采用开口跑道环或两侧轮环形式。特高压交流输电线路导线双联耐张串均压环和屏蔽环如图 6‐36 所示，双联Ⅰ型悬垂串均压环如图 6‐37 所示。特高压直流输电线路导线三联耐张串均压环和屏蔽环如图 6‐38 所示，双联Ⅴ型悬垂串均压环如图 6‐39 所示。

图 6‐36　特高压交流输电线路导线
双联耐张串均压环和屏蔽环

图 6‐37　特高压交流输电线路导线
双联Ⅰ型悬垂串均压环

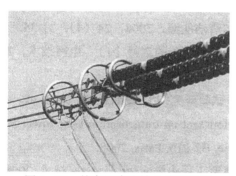

图 6‐38　特高压直流输电线路导线
三联耐张串均压环和屏蔽环

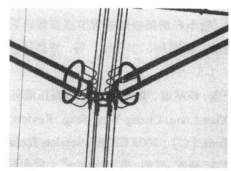

图 6‐39　特高压直流输电线路导线
双联Ⅴ型悬垂串均压环

五、跳线金具

跳线安装在耐张塔上，将耐张塔两侧的导线连接起来，形成电流通道。

我国特高压输电线路跳线有铝管式刚性跳线和笼式刚性跳线两种结构形式，分别如图 6‐40 和图 6‐41 所示。铝管式刚性跳线的刚性部分由两根平行布置的铝管构成，每根铝管由长度不等的两段通过铝管接头连接而成，铝管两端采用 2 变 6（或 8）线夹与软导线相连接，接头部位还安装有屏蔽环（侧环）。笼式刚性跳线的刚性部分为一根钢管，钢管上安装支撑间隔棒和重锤，软跳线直接通过支撑间隔棒固定。与铝管式刚性跳线相比，笼式刚性跳线减少了刚性部分两端的接头和屏蔽环。

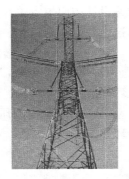

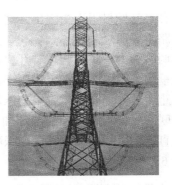

图 6-40 特高压输电线路
铝管式刚性跳线

图 6-41 特高压输电线路
笼式刚性跳线

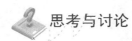 思考与讨论

1. 杆塔按其受力性质宜如何分类？
2. 我国特高压杆塔选用情况是怎样的？
3. 我国架空输电线路杆塔基础可分为哪几种类型？每种类型的特点是什么？
4. 我国特高压输电线路宜采用的导线有哪几种类型？每种类型是如何构成的？
5. 特高压输电线路导线、地线振动主要有几种形式？我国特高压防舞动技术是如何考虑的？
6. 我国特高压输电线路主要采用绝缘子形式有哪些？每种形式的技术参数是什么？
7. 特高压输电线路本体具有什么特点？

参 考 文 献

[1] 刘振亚．特高压交直流电网．北京：中国电力出版社，2013.

[2] 曾庆禹．国家电网公司生产技能人员职业能力培训通用教材：特高压电网．北京：中国电力出版社，2010.

[3] 刘振亚．特高压交流输电线路维护与检测．北京：中国电力出版社，2008.

[4] 杨力．特高压输电技术．北京：中国水利水电出版社，2011.

[5] 刘振亚．特高压电网．北京：中国经济出版社，2005.

[6] 刘振亚．特高压交流输电系统过电压与绝缘配合．北京：中国电力出版社，2008.

[7] 舒印彪．特高压输电若干关键技术研究．中国电机工程学报，2007（11）：1-6.

[8] 关志成．中国特高压输电工程及相关的关键技术．南方电网技术研究，2005（11）：12-18.